“工学结合、校企合作”课程改革成果系列教材
机电技术应用专业教学用书

机电设备装调与维护技术基础

主　编　乐　为
副主编　李卫国　严莉萍
参　编　李长文　陈建楼
主　审　王　猛　张国军

机 械 工 业 出 版 社

本书介绍了常用机电设备的结构原理、安装、调试与维护过程。其主要内容有设备安装基础知识，设备装配基础知识，常用零件装配，常用部件装调，减速器装配与调试，柴油机装配与调试，CA6140型卧式车床安装、调试与维护，数控机床安装、调试与维护，葫芦式起重机安装、调试与维护，自动生产线设备安装、调试与维护。在选取教学内容时努力做到紧扣教学基本要求，尽量降低知识的难度；在表述上力求深入浅出、简明扼要、通俗易懂。

本书可作为中职中专机电技术应用专业、高职高专机电一体化专业相关课程教学用书和技能大赛参考用书，也可作为机电类专业工程技术人员参考及培训用书。

为方便教学，本书配有电子教案，凡选用本书作为教学用书的学校，可登录 www.cmpedu.com 网站，注册后免费下载。

本书可与本套书中《机电设备组装与调试技能训练》（7-111-28338-6）一本配套使用。

图书在版编目（CIP）数据

机电设备装调与维护技术基础/乐为主编. —北京：机械工业出版社，2009.10（2024.1重印）
（“工学结合、校企合作”课程改革成果系列教材）
机电技术应用专业教学用书
ISBN 978-7-111-27298-4

Ⅰ. 机… Ⅱ. 乐… Ⅲ. ①机电设备-设备安装-高等学校：技术学校-教材②机电设备-维修-高等学校：技术学校-教材 Ⅳ. TH182 TH17

中国版本图书馆CIP数据核字（2009）第168370号

机械工业出版社（北京市百万庄大街22号 邮政编码100037）
策划编辑：高 倩 责任编辑：张值胜 版式设计：霍永明
责任校对：王 欣 封面设计：路恩中 责任印制：李 昂
北京捷迅佳彩印刷有限公司印刷
2024年1月第1版第20次印刷
184mm×260mm · 8.25印张 · 197千字
标准书号：ISBN 978-7-111-27298-4
定价：29.00元

电话服务
客服电话：010-88361066
010-88379833
010-68326294

网络服务
机 工 官 网：www.cmpbook.com
机 工 官 博：weibo.com/cmp1952
金 书 网：www.golden-book.com
机工教育服务网：www.cmpedu.com

前　言

本书是江苏省“工学结合、校企合作”课程改革成果系列教材之一。可作为中职中专机电技术应用专业、高职高专机电一体化专业相关课程教学用书，也可作为机电类专业工程技术人员参考及培训用书。

随着我国从机械制造业大国向机械制造业强国的迈进，机电一体化技术在社会上发挥着越来越重要的作用，机电设备的种类和产量也越来越多，因此对高素质的机电设备安装调试技术工人的需求也越来越多。并且，随着近年来全国及各省市职业院校技能大赛如火如荼地开展，“机电一体化设备的组装与调试”项目已经成为工科职业院校普遍参与的竞赛项目。为此，学校纷纷开设相关课程，针对职业需求，强化训练项目，以提高机电专业学生的综合技术应用水平。基于以上需求，我们汇编了常用机电设备组装、调试与维护过程中相关技术基础知识，为学校开展“机电设备装调实训”做理论铺垫。

本系列教材中还编有《机电设备装调工实训与考级（中级）》一书，可作为本书的配套实训教材使用。

本书由乐为任主编，李卫国、严莉萍任副主编，李长文、陈建楼为参编。常州刘国钧高等职业技术学校的王猛副教授和盐城机电高等职业技术学校的张国军副教授审阅了全书，在此表示感谢。

由于经验不足，加之精力有限，书中难免存在错漏不足之处，我们殷切希望各位读者提出宝贵的修改建议。

编　者

目　　录

第1篇 机电设备装调、维护的基础知识

第1章
设备安装基础知识

1.1 设备基础的安装检查

设备基础分为素混凝土基础和钢筋混凝土基础两大类。

当设备固定在一定的基础位置上时，设备基础要能承受设备的全部重量和工作时的振动力，同时将这些力均匀传到大地，基础还必须吸收和隔离设备运转时产生的振动，以防发生共振现象。为此设备基础必须有足够的刚度、强度和稳定性。

1.1.1 设备基础的检查及要求

根据工艺施工图结合设备图和施工单位提供安装的基础检验记录，核对基础几何尺寸、标高、预埋件等项目；基础表面应无蜂窝、裂纹及露筋等缺陷，用50N重的锤子敲击基础，检查密实度，不得有空洞声音。对大型设备或精度较高的设备及冲压设备的基础，建设单位应提供预压记录和沉降观测点。

1.1.2 设备安装基础放线

基础放线前，应将基础表面冲洗干净，清除孔洞内的一切杂物。一般设备安装时，采用几何法放线法，即确定中心点，然后划出平面位置的纵、横向基准线，基准线的偏差应符合规定要求。

1. 平面位置放线要求

1）根据施工图和有关建筑物的柱轴线、边沿线或标高线划定设备安装的基准线（即平面位置纵、横向和标高线基准线）。

2）较长的基础可用经纬仪或吊线的方法确定中心点，然后划出平面位置基准线（纵、横向基准线）。

3）基准线被就位的设备覆盖，但就位后必须复查的应事先引出基准线，并做好标志。

2. 根据基准线或基准点放线

根据建筑物或划定的安装基准线测定标高，用水准仪转移到设备基础的适当位置上，并划定标高基准线或埋设标高基准点。根据基准线或基准点检查设备基础的标高以及预留孔或预埋件的位置是否符合设计和相关规范要求。

3. 联动设备基础放线

若联动设备的轴心较长，放线时易有误差，可架设钢丝替代设备中心基准线。

4. 有连接、排列或衔接关系的设备放线

相互有连接、排列或衔接关系的设备，应按设计要求划定共同的安装基准线。必要时应按设备的具体要求，埋设临时或永久的中心标板或基准放线点。埋设标板应符合下列要求：

1）标板中心应尽量与中心线一致。

2）标板顶端应外露 4 ~ 6mm，切勿凹入。

3）埋设要用高强度水泥砂浆，最好把标板焊接在基础的钢筋上。

4）待基础养护期满后，在标板上定出中心线，打上冲眼，并在冲眼周围划一圈红漆作为明显的标志。

5. 设备定位基准安装基准线的允许偏差要求

1）设备与其他机械设备无联系的，设备的平面位置和标高对安装基准线有一定的允许偏差，平面位置允许偏差为 ±10mm，标高允许偏差为（+20，-10）mm。

2）与其他机械设备有联系的，设备的平面位置和标高对安装基准线有一定的允许偏差，平面位置允许偏差为 ±2mm，标高允许偏差为 ±1mm。

1.1.3　设备安装基础研磨处理

对大型设备、高转速机组以及安装精度要求较高或运行中有冲击力的设备基础，为了保证机组的稳定性和受力均匀，应根据设计与设备技术要求，对基础安放垫铁的部位（超过垫铁四周 20 ~ 30mm）进行研磨。基础研磨时，用水平仪在平垫板上测量水平度，其纵横之差一般不大于 0.1/1000；用着色法检查垫铁与基础的接触面积，其接触面积一般不小于 70%，并在均匀分布垫铁和基础研磨好之后，用水平仪或连通管测量各垫铁间的高度差，以垫铁的厚度和块数调整各组垫铁的标高，各组间的相对高度差应控制在 1mm 以内，并且每组垫铁一般不超过 5 块（尽量少用薄垫铁）。垫铁位置以外的设备基础表层，凡需二次灌浆的部位应将基础表面的浮浆打掉，并清洗干净，方能进行设备就位。

垫铁放置方法还有座浆法。各组垫铁位置确定后，用扁铲对其进行加工，应避免产生孔洞。

1.2　地脚螺栓、垫铁和灌浆

1.2.1　地脚螺栓

1. 地脚螺栓的作用

地脚螺栓是靠金属表面与混凝土间的粘着力和混凝土在钢筋上的摩擦力而将设备与基础牢固连接的。

2. 地脚螺栓的分类

地脚螺栓可分为死地脚螺栓、活地脚螺栓和锚固定式地脚螺栓三种。

（1）死地脚螺栓　死地脚螺栓一般用来固定工作时没有强烈振动和冲击较小的中小型设备。它往往与基础浇灌在一起，称地脚螺栓的一次灌浆法，头部多做成开叉和带钩的形状。有时还在钩孔中穿上一根横杆以防扭转并增大抗拔能力，如图 1-1 所示。二次灌浆法是浇灌基础时，预先在基础内留出地脚螺栓的预留孔，在设备安装时把地脚螺栓安装在预留孔内，然后再浇灌混凝土或水泥砂浆使地脚螺栓牢固。

（2）活地脚螺栓　活地脚螺栓一般用来固定工作时有强烈振动和冲击较大的重型设备。安装活地脚螺栓的螺栓孔内一般不用混凝土浇灌（多数情况下只装砂子），当需要移动设备或更换地脚螺栓时较为方便。其结构有两种：一种是螺柱，两头都带有螺纹，均使用螺母；另一种是 T 形螺栓。活地脚螺栓必须与锚板配合使用，如图 1-2 所示。

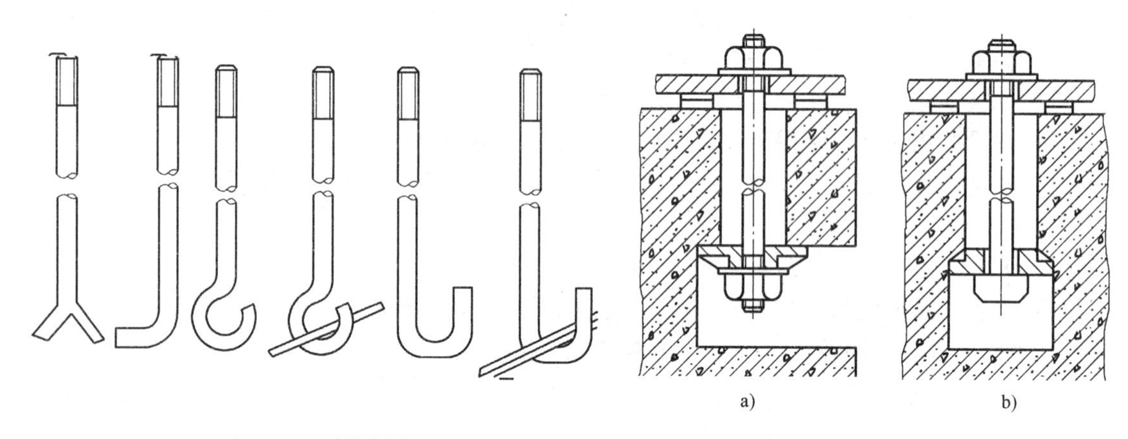

图1-1　死地脚螺栓

图1-2　活地脚螺栓
a）双头螺柱　b）T形螺栓

（3）锚固定式地脚螺栓　锚固定式地脚螺栓又称固定式膨胀螺栓。这种螺栓的特点是依靠螺杆在地脚螺栓孔内牢牢契住，使地脚螺栓与混凝土连成一体。锚固定式地脚螺栓比死地脚螺栓施工简单、方便，定位精确，其外形及固定方式如图1-3所示。

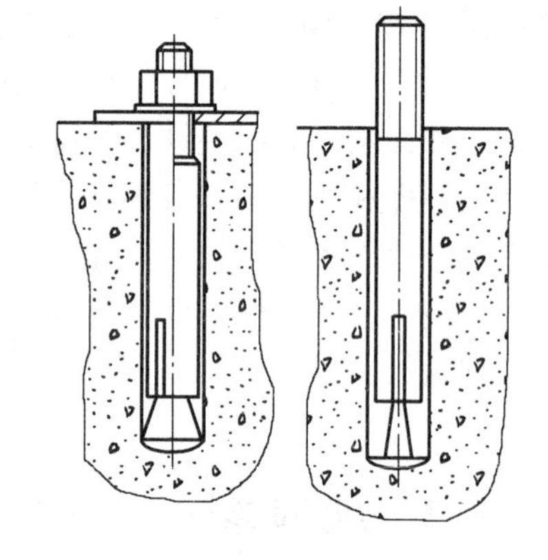

图1-3　锚固定式地脚螺栓

3. 地脚螺栓的形式和规格

地脚螺栓的形式和规格应符合设备技术文件或设计规定，当无规定时，地脚螺栓的直径一般可按比设备的地脚螺栓孔径小2～4mm设计，长度可按下式计算

$$L=15D+S$$

式中　L——地脚螺栓总长度；

D——地脚螺栓的直径；

S——垫铁高度、设备底座高度、垫圈和螺母以及螺栓预留1.5～5个螺距长度的总和。

1.2.2　垫铁

垫铁的主要作用是用于设备的找正找平，使机械设备安装达到所要求的标高和水平度，同时垫铁能承担设备的重量和拧紧地脚螺栓的预紧力，并能将设备的振动传给基础。

1. 垫铁的种类

垫铁按其材质分为铸造垫铁和钢制垫铁；按其形状分为平垫铁、斜垫铁、开口垫铁、钩头垫铁和可调垫铁等。

1）平垫铁：又名矩形垫铁，用于承受主要负荷和有较强连续振动的设备。

2）斜垫铁：不承受主要载荷，与同代号的平垫铁配合使用。安装时成对使用且应采用同一斜度

3）开口垫铁：用于安装在金属结构上面的设备，或用于设备是由两个以上地脚支承且地脚面积较小的场合。

4）钩头垫铁：多用于不需要设置地脚螺栓的金属切削机床的安装。

5）可调垫铁：一般用于精度要求较高的金属切削机床的安装。

2. 垫铁的布置原则

1）每个地脚螺栓两旁至少有一组垫铁，垫铁组在能放稳和不影响浇灌的情况下，应尽可能地靠近地脚螺栓。

2）相邻两垫铁组间的距离，一般应为 500 ~ 1000mm。

3）每组垫铁的块数一般不超过 5 块，尽量少用或不用薄垫铁；当用薄垫铁时，薄垫铁应放在厚垫铁上面，垫铁的总高度宜控制在 30 ~ 100mm 之间。

4）每一垫铁组总的面积应能承受设备的载荷。

5）垫铁应放置平稳，以保证每块垫铁之间及与基础面的接触良好。

6）设备找平后，垫铁应露出设备底座底面的外缘，平垫铁露出 10 ~ 30mm，斜垫铁露出 10 ~ 50mm。

7）地脚螺栓拧紧后，每组垫铁的压紧程度应一致。

8）每一组垫铁的面积应根据设备加在该垫铁组的重量和地脚螺栓拧紧力分布在该垫铁组上的压力来确定。

3. 垫铁的布置方式

垫铁的布置方式一般有标准垫铁法、十字标注法、井字标注法、筋底标注法、辅助标注法和混合标注法。

1.2.3　设备的灌浆

1. 设备的搬运、开箱、就位

设备搬运前应熟悉有关的专业规程、设计，设备技术文件和设备搬运中的要求。了解箱体重量以及设备结构、捆扎点等，再根据运输道路确定搬运方案。

设备开箱应采用合理的工具，同时记录箱号、箱数及包装情况；查看设备名称、型号和规格与施工图纸是否相符；装箱清单、随机技术文件、资料及专用工具是否齐全；设备有无变形、损伤和锈蚀的情况；对易碎、易散失和精密的零件应单独登记；设备箱内的电气、仪表应该由专业人员进行检查和保管；对发现的问题要及时联系厂家，尽快解决。

基础经验收合格，设备基础放线以后，把设备吊到设备的基础上。

2. 设备的找正

设备的找正主要是找中心、找标高和找水平，使三者均达到规范要求。设备找正的依据，一是设备基础上的安装基准线；二是设备本身划出的中心线，即定位基准线。设备找正的主要内容是使定位基准线与安装基准线的偏差在允许的误差范围之内。设备的找正可分以下两步进行：

（1）设备的初平　初平主要是找正设备中心、标高位置和设备水平的初步找正。通常设备初平与设备吊装就位同时进行，即设备吊装就位时要安放垫铁，安装地脚螺栓，并对设备初步找正。

设备的找正、调平的测量位置，当设备技术文件无法规定时，宜在下列部位中选择：设备的主要工作面；支承滑动部件的导向面；保持转动部件的导向面或轴线；部件上加工精度较高的表面；设备上应为水平或垂直的主要轮廓面；连续运输设备和金属结构上，宜选在可调部位，两测点间距离不宜大于 6m。

设备初平后，便可进行地脚螺栓的灌浆，也叫一次灌浆。初平后即灌浆，优点是地脚螺栓与混凝土的结合牢固，程序简单；缺点是设备安装时不便于调整。

注意：灌浆时要将预埋混凝土部分螺栓表面的锈垢、油渍除净；在现场可用火烧加温，保证螺栓与混凝土的牢固结合；灌浆应采用比基础高一级的水泥。

（2）设备的精平　精平是在设备初平的基础上（地脚螺栓已灌浆固定，混凝土强度不低于设计强度的75%），对设备的水平度、垂直度、平面度、同心度等进行检测和调整，使其完全达到设备安装规范的要求，使安装质量得到进一步提高，是对设备进行的最后一次检查调整。如大型精密机床、气体压缩机和透平机等，均应在设备初平的基础上，对设备主要部件的相互关系进行规定项目的检测和调整。

设备安装在完成精平的各项检测合格之后（即设备的标高、中心、水平度以及精平中的各项检测完全符合技术文件要求），可进行二次灌浆。二次灌浆一般宜采用细碎石混凝土或水泥浆，其强度等级应比基础或地坪的混凝土强度等级高一级。灌浆时应捣实，同时地脚螺栓不能倾斜，当灌浆层与设备底座面接触要求较高时宜采用无收缩混凝土或水泥砂浆。当设备底座下不需要全部灌浆，且灌浆层需承受设备负荷时，应敷设内模板。灌浆工作一定要一次灌完，安装精度要求高的设备的第二次灌浆，应在精平后24小时内灌浆，否则要对安装精度重新进行检查测量。

1.3 设备试运转与验收

1.3.1 设备试运转

1. 设备试运转前的检查与准备

设备及其附属装置、管路等均应全部施工完毕，并经验收合格；润滑、液压、冷却、水、气（汽）、电气、仪表控制等附属装置均应按系统检验完毕，并符合试运转的要求；设备试运转用料、工具、检测用仪器仪表、记录表格和消防安全设施等均应符合试运转的要求；对大型、复杂和精密设备，应编制试运转方案或操作规程；参加试运转的人员，应熟悉设备的构造、性能、设备技术文件，并掌握操作规程及试运转操作；设备试运转的现场照明应充足，周围环境应清扫干净，设备附近不得进行会产生粉尘或有较大噪声的作业。

2. 设备试运转的目的

设备试运转的目的主要是，检验设备在设计、制造和安装等方面是否符合工艺要求并满足设备技术参数，设备的运行特性是否符合生产的需要，并对设备试运转中存在的缺陷进行分析处理。

3. 设备试运转的步骤

设备试运转的步骤应先无负荷，后有负荷；先单机，后联动。设备试运转时应检查设备是否平稳无噪声、温度、振动、转速、轴移位、膨胀、各部压力和电动机电流等是否符合要求。

1.3.2 工程验收

安装工程竣工后，应由建设单位会同有关部门对施工单位按各类安装工程施工及验收规范进行验收，然后交付生产使用单位。工程验收时，安装单位应向设备使用单位提供竣工图或按实际完成情况注明修改部分的施工图；重要灌浆所用的混凝土的配合比和强度试验记录；修改设计的有关文件；重要焊接工作的焊接试验记录及检验记录；各重要工序自检的数据；试运转记录；重大问题及其处理文件；出厂合格证和其他有关资料。

习题与思考题

1-1　设备基础分为哪几类？其作用是什么？

1-2　设备基础的检查及要求是什么？

1-3　垫铁的种类有哪些？垫铁布置的原则是什么？

1-4　地脚螺栓的作用是什么？有哪些分类？

1-5　设备试运转的目的是什么？

第2章
设备装配基础知识

2.1 机器装配概述

2.1.1 装配的概念

机械产品是由许多零部件组成，按照规定的技术要求，将若干个零件组装成部件或将若干个零件和部件组装成产品的过程，称作装配。更明确地说：把已经加工好，并检验合格的单个零件，通过各种形式，依次将零部件连接在一起，使之成为部件或产品的过程叫装配。

由两个及两个以上的零件结合成的装配体称为组件。如减速器上的锥齿轮轴组件等。由若干零件和组件结合成的装配体称为部件。如车床主轴箱、进给箱、尾座等。

从装配的角度来看，部件也可称为组件。直接进入机器装配的部件称为组件。

由若干零件、组件和部件装配成最终产品的过程叫总装配。

只有通过装配才能使若干个零件组合成一台完整的产品。产品的质量和使用性能与装配质量有着密切的关系，即装配工作的好坏，对整个产品的质量起着决定性的作用。有些零件精度并不是很高，但经过仔细修配和精心调整后，仍能装出性能良好的产品。通过装配还可以发现机器设计上的错误和零件加工工艺中存在的质量问题，并加以改进。因此，装配工艺过程又是机器生产的最终检验环节。

2.1.2 装配的工艺过程

装配的工艺过程由4部分组成。

1. 装配前的准备工作

1）研究和熟悉产品装配图及有关的技术资料，了解产品的结构，各个零件的作用，相互关系及连接方法。

2）确定装配方法。

3）确定装配顺序。

4）检查装配时所需的工具、量具和辅具。

5）对照装配图清点零件、外购件、标准件等。

6）对装配零件进行清理和清洗。

7）对某些零件还需进行装配前的钳加工（如：刮削、修配、平衡试验、配钻、铰孔等）。

2. 装配工作

1）组件装配。

2）部件装配。

3）总装配。

3. 调整、检验、试运转

1）调整工作就是调节零件和机构的相互位置、配合间隙、结合松紧等，目的是使机构或机器工作协调（轴承间隙、镶条位置、齿轮轴向位置的调整等）。

2）精度检验就是用量具或量仪对产品的工作精度、几何精度进行检验，直至达到技术要求为止。

3）试运转包括空载运转和负载运转，其目的是试验其灵活性、振动、温升、密封性、转速、功率、动态性能。凡要求不发生漏气、漏水和漏油的零件或部件在装配前都需做密封性试验，如各种阀类、泵体、气缸套、汽阀、油缸、某些液压件等。密封性试验的方法有两种：气压法，适用于承受工作压力小的零件；液压法，适用于承受工作压力较大的零件。

4. 喷漆、涂油、装箱等

1）喷漆是为了防止不加工面锈蚀和使产品外表美观。

2）涂油是使产品工作表面和零件的已加工表面不生锈。

2.1.3　生产类型及组织形式

生产类型一般可分为三类：单件生产、成批生产和大量生产。

件数很少，甚至完全不用重复生产的，即单个制造的生产方式称为单件生产。

每隔一段时间，就需要成批制造相同产品的生产方式称为成批生产。

产品的制造数量很庞大，各工作地点经常重复地完成某一工序，并有严格的节奏性的生产方式称为大量生产。

1. 单件生产装配组织形式的特点

1）地点固定。

2）用人少（从开始到结束只需一个或一组工人即可）。

3）装配时间长、占地面积大。

4）需要大量的工具装备。

5）需要工人具有较全面的技能。

2. 成批生产装配组织形式的特点

1）一般可分为先部装后总装。

2）装配工作常采用移动式。

3）对零件可预先经过选择分组，达到部分零件互换的装配。

4）可进入流水线生产，装配效率较高。

3. 大量生产装配的组织形式的特点

1）每个工人只需完成一道工序，这样对质量有可靠的保证。

2）占地面积小，生产周期短。

3）工人并不需要有较全面的技能，但对产品零件的互换性要求高。

4）可采取流水线，自动线生产，生产效率高。

2.1.4　装配工艺规程

装配工艺规程是在装配过程中的指导性文件，是工人进行装配工作的依据，它包括产品或零部件装配工艺过程和操作方法等，主要有以下内容：

1）规定所有的零件和部件的装配顺序。

2）对所有的装配单元和零件规定出既保证装配精度，又是生产率最高和最经济的装配方法。

3）划分工序，决定工序内容。

4）决定必需的工人等级和工时定额。

5）选择完成装配工作所必需的工夹具及装配用的设备。

6）确定验收方法和装配技术条件。

2.1.5　装配精度

机器的质量主要取决于机器结构设计的正确性，零部件的加工质量以及机器的装配精度。装配精度包括零部件间的配合精度和接触精度、位置尺寸精度和位置精度、相对运动精度等。

零部件间的配合精度是指配合面间达到规定的间隙或过盈的要求。

零部件间的接触精度是指配合表面、接触表面和连接表面达到规定的接触面积大小和接触点分布的情况。

零部件间的位置尺寸精度是指零部件间的距离精度。

零部件间的位置精度是指平行度、垂直度、同轴度和各种跳动。

零部件间的相对运动精度是指机器中有相对运动的零部件间在运动方向和运动位置上的精度。

装配精度和零部件精度有密切的关系，多数情况下，机器的装配精度由与它相关的若干零部件的加工精度决定。

2.1.6　装配工作的要求

每一个组件、部件以至每台产品装配完成后，都应满足各自的装配要求。装配要求的内容很多，主要内容包括相对运动精度（如铣床工作台移动对主轴轴心线的垂直度）、相对位置精度（如同轴度，垂直度和平行度）、配合精度（间隙或过盈的正确度）等。

2.2　零件的清洗

清洗是指清除零部件表面的油脂、污垢和所黏附的机械杂质，并使零件表面干燥并具有一定的防腐能力的操作。

在装配的过程中，必须保证没有杂质留在零件或部件中，否则，会迅速磨损机器的摩擦表面，严重的会使机器在很短的时间内损坏。由此可见，零件在装配前的清理和清洗工作对提高产品质量，延长其使用寿命有着重要的意义。特别是对于轴承精密配合件，液压元器件，密封件以及有特殊清洗要求的零件等尤为重要。

2.2.1　装配时，对零件的清理和清洗内容

清洗工作必须认真细致地进行。一台设备很难一次全部清洗干净，故应在安装过程中配合各工序的需要分别进行清洗。

1）装配前，清除零件上的残存物，如型砂、铁锈、切屑、油污及其他污物。

2）装配后，清除在装配时产生的金属切屑，如配钻孔、铰孔、攻螺纹等加工的残存切屑。

3）凡是在部件或机器试运转及调试过程中涉及到的零部件，都要洗去因摩擦而产生的

金属微粒及其他污物。

2.2.2　设备清洗用材料和工具

1. 材料

保持场地和环境清洁用的苫布、塑料布、席子等；清洗用的布头、棉纱、砂布；汽油、煤油、轻柴油等化学清洗液。

1）汽油主要适用于清洗较精密的零部件上的油脂，污垢和一般粘附的杂质。

2）煤油和轻柴油的应用与汽油相似，但清洗效果比汽油差，优点是比汽油安全。

3）化学清洗液（又称乳化剂清洗液）具有配制简单、稳定耐用、无毒、不易燃烧、使用安全、成本低等特点，如 105、6051、6053 清洗剂可用于喷洗钢件上以机油为主的油污和杂质。

2. 工具

錾子、钢丝刷、油盘、油枪、油筒、油壶、毛刷、牛角、木制刮具、铜棒、空气压缩机、清洗用喷头（如图 2-1 所示）和压缩空气喷头（如图 2-2 所示）和洗涤机（如图 2-3 所示）等。

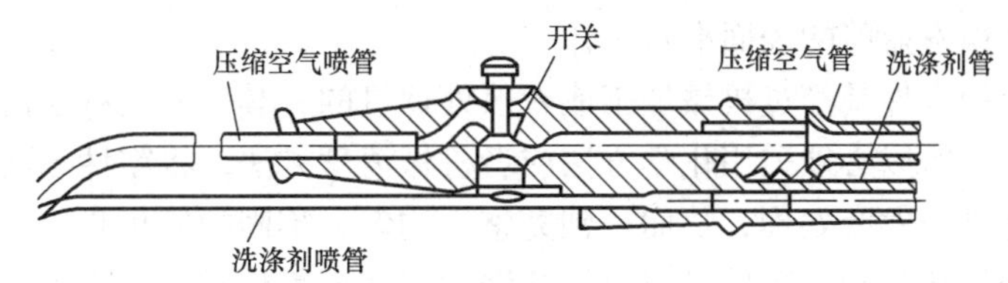

图 2-1　清洗用喷头

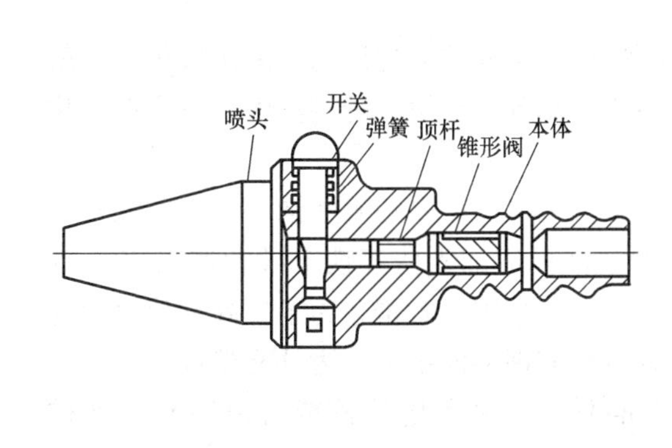

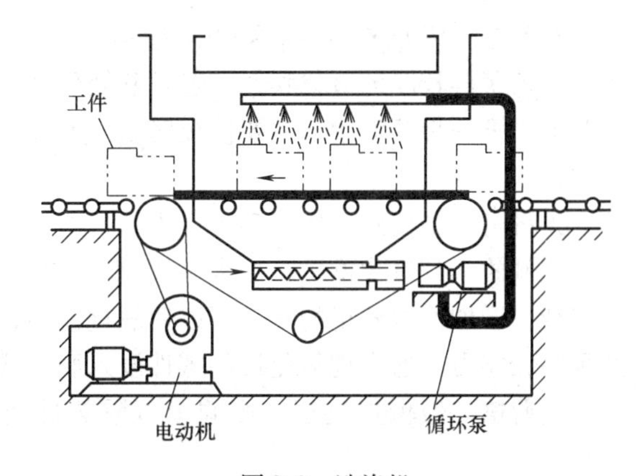

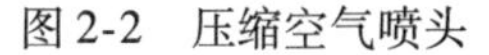

图 2-2　压缩空气喷头

图 2-3　洗涤机

2.2.3　装配时，对零件的清理清洗方法及步骤

1. 清洗方法

1）清除非加工表面的型砂、毛刺可用錾子、钢丝刷。

2）清除铁锈可用旧锉刀、刮刀和砂布。

3）有些零件清理后还须涂漆，如箱体内部、手轮、带轮的中间部分等。

4）单件和小批量生产中，零件可在洗涤槽内用抹布擦洗或直接进行冲洗。

5）成批或大批量生产中，常用洗涤槽清洗零件，如用固定式喷嘴来喷洗成批小型零件；利用超声波来清洗精度要求较高的零件，如精密传动的零件，微型轴承、精密轴承等。

2. 清洗步骤

1）初洗。

2）细洗。

3）精洗。

2.3 黑色金属的发蓝处理

将钢铁材料制成的零件放入苛性钠、硝酸钠或亚硝酸钠溶液中处理，使零件表面生成一层很薄的黑色氧化膜的过程，称为发蓝处理或者氧化处理。

发蓝处理的方法有碱性法、无碱法、电解法等。

发蓝处理的工艺过程有化学除油、热水洗、流动冷水洗、酸洗、流动冷水洗、发蓝一次氧化、发蓝二次氧化、冷水洗、热水洗、补充处理、流动冷水洗、流动热水洗、吹干或者烘干、检验、浸油、停放。

2.3.1 发蓝前的表面处理

零件在发蓝处理前要先进行表面清理工作，表面清理的好坏直接影响发蓝氧化膜表面的质量，因此不能忽视发蓝前的表面准备工作。

一般需要发蓝的零件是经过机械加工或者热处理过的，其表面上有油污和氧化皮，这些都影响发蓝的效果，所以必须采用化学方法或者机械清理方法，将零件表面的油污和氧化皮清理干净后，才能进行发蓝处理，从而得到完整、均匀、牢固的氧化膜。

清理方法对经过热处理的零件可以直接酸洗除去表面氧化膜，对表面粗糙度要求高的零件，可以用砂布磨光或者抛光。

2.3.2 发蓝溶液的成分及设备

为了获得较厚的氧化膜，一般发蓝处理使用两种浓度不同的氧化液进行两次氧化。一般情况下，第一种溶液中，主要使金属表面形成一层金属晶胞；在第二种溶液中，主要使氧化膜增长。

先将苛性钠捣碎，放入2/3容积的水槽里溶解后，再将所需要的硝酸钠和亚硝酸钠按一定的比例放入到氧化槽中，加水至槽满。新配置的溶液里应加入些碎铁末或者加入20%的旧溶液，增加槽溶液里的铁，可以使氧化膜结合得均匀、牢固、紧密。为了提高发蓝氧化膜的耐腐蚀能力，通常把氧化过的零件浸入肥皂或者重铬酸钾溶液中，作为补充处理。

发蓝槽一般做成夹层，中间填以隔热性能好的材料，采用电热器或者电阻丝加热的方法。

2.3.3 影响发蓝处理的因素

1. 溶液的成分

溶液里碱的浓度增高时，溶液的温度也相应地升高，氧化膜的厚度增加；碱的浓度过高时，氧化膜表面会出现红褐色的氢氧化铁。溶液里碱的浓度降低时，金属表面的氧化膜发花；碱的浓度过低时不能生成氧化膜。

2. 氧化剂

氧化剂的含量越高，生成的亚铁酸钠和铁酸钠越多，促进反应速度加快，从而使生成氧化膜的速度也加快，而且膜层致密牢固；相反则会使生成的氧化膜疏松而且厚。

3. 温度

溶液温度增高时，相应的氧化速度加快，生成的晶胞多，使膜层致密而且簿。但是温度升得过高时，氧化膜在碱溶液里的溶解度同时增加，会使氧化速度变慢。所以在氧化初始时温度不要太高，否则氧化膜晶粒减少，会使氧化膜变得疏松。

4. 铁

铁是在氧化反应过程中由零件上逐渐溶解下来的，初配置的溶液缺少铁，会生成疏松及很厚的氧化膜，氧化膜与基体结合不牢，容易被擦去。

5. 氧化时间与钢含碳量

钢含碳量高时容易氧化，氧化时间短。合金钢因含碳量低，不易氧化，氧化时间长。碳素钢和低合金钢零件在氧化后颜色呈黑色和黑蓝色，铸钢呈暗褐色，高合金钢呈褐色和紫色，但是氧化膜应是均匀致密的。

发蓝氧化膜的质量检查：可以把零件放在 2% 的硫酸铜溶液里浸泡，在室温下保持 20s 后取出，用水洗净或者用酒精擦净，滴上若干点硫酸铜，20s 后不出现铜的红斑点为合格。

2.4　粘合剂

粘合剂能把不同或相同的材料牢固地粘接在一起。近年来，在新设备制造中，特别是在各种机械的修复中，都广泛地采用了以粘代焊，以粘代铆，以粘代机械固定的工艺，从而简化了复杂的机械结构和装配工艺。应用粘合剂，也有操作方便，连接可靠等优点。

按照使用的材料来分，粘合剂有无机粘合剂和有机粘合剂两大类。无机粘合剂的特点是能耐高温，但强度较低；而有机粘合剂却与之相反。因此要根据不同的工作情况来选用。有机粘合剂的种类有上百种，而在这一基础上又可配制出上千种，但钳工操作中常用的一般有以下三种：

1）环氧粘合剂。

2）聚氨酯粘合剂。

3）聚丙烯粘合剂。

以使用环氧粘合剂粘接机床尾座底板的方法为例介绍一般有机粘合剂的使用步骤。

1）粘结前用砂布仔细砂光结合面，并擦净粉末。

2）用丙酮清洗表面。

3）将清洗过的粘接表面再用丙酮润湿，直到风干挥发。

4）将已配好的环氧粘合剂涂在被粘接表面，涂层不能太厚，以 0.1～0.15mm 为宜。

5）然后将被粘接件压在一起，注意必须要有足够的时间，胶层才能固化完善。

6）在一定的范围内，提高温度，可缩短固化时间；降低温度，可延长固化时间。但固化温度最好保持在 20～25℃之间。

2.5　装配方法

根据产品的结构、生产条件和生产批量的不同，装配方法可分为：完全互换装配法、选配装配法、调整装配法和修配装配法 4 种。

2.5.1　完全互换装配法

在装配时，对任何零件不再经过选择或修配就能直接安装上去，并达到规定的技术要求，这种装配方法称为完全互换装配法。

完全互换装配法的优点是：

1）装配操作简单，易于掌握，生产效率高。

2）便于组织流水线作业。

3）零件更换方便。

完全互换装配法的缺点是：零件的加工精度要求较高，制造费用较高。

2.5.2　选配装配法

装配前，按公差范围将零件分为若干组，然后把尺寸相当的零件进行装配，以达到要求的装配精度。这种装配法，称为选配装配法。选配装配法可分为直接选配和分组选配两种。

直接选配是由装配工人直接从一批零件中，选择适合的零件进行装配。

分组选配是用专用量具将一批已加工好的零件逐一进行测量，按实际尺寸大小分成若干组，然后将相应组别内的零件进行装配。

直接选配装配法的优点是：方法简单。

直接选配装配法的缺点是：

1）由于此法是凭经验和感觉来确定配合精度的，所以配合精度不高。

2）装配效率不高。

分组选配装配法的优点是：

1）经过分组后，零件的配合精度高。

2）零件制造公差可以适当扩大，因此可降低加工成本。

分组选配装配法的缺点是：

1）增加了零件的测量分组工作。

2）增加了储存和运输的管理。

2.5.3　调整装配法

装配时，通过适当调整调整件的相对位置，或选择适当的调整件来达到装配精度要求，这种装配方法称调整装配法。

调整装配法的优点是：

1）装配时零件不需再经任何修配加工，并能达到很高的装配精度。

2）可进行定期调整，并能很快地恢复配合精度。

3）对于易磨损部位若采用垫片，衬套调整零件，会更换方便、迅速。

调整装配法的缺点是：增加调整件或调整机构，有时会使配合的刚性受到影响。

调整装配质量完全取决于调整位置的正确与否，所以装配调整件时要认真仔细，调整后对调整件的固定要坚实可靠。

2.5.4　修配装配法

在装配的过程中，修去某配合件上的预留量，以消除其积累误差，使配合零件达到预定的装配精度，这种装配方法称修配装配法。

修配装配法的优点是：

1）可降低零件的加工精度，节约时间和成本。

2）加工设备精度不高也可采用。

修配装配法的缺点是：装配工作复杂，增加较多的装配时间。

2.6　装配尺寸链

在装配的过程中，将某些相互关联的尺寸，按一定顺序连接成封闭的形式，就叫做装配尺寸链（所谓装配尺寸链，就是指相互关联尺寸的总称）。装配尺寸链有两个特征：

1）各有关尺寸连接成封闭的外形。

2）构成这个封闭外形的每个独立尺寸误差都影响着装配精度。

组成尺寸链的各个尺寸简称为环。在每个尺寸链中至少有三个环。在尺寸链中，当其他尺寸确定后，新产生所谓一个环，叫做封闭环。一个尺寸链中只有一个封闭环。在每个尺寸链中除一个封闭环外，其余尺寸都叫做组成环。在其他各组成环不变的条件下，当某组成环增大时，如果封闭环随之增大，那么该组成环就称为增环；在其他各组成环不变的条件下，当某组成环增大时，如果封闭环随之减小，那么该组成环就称为减环，如图 2-4 所示。

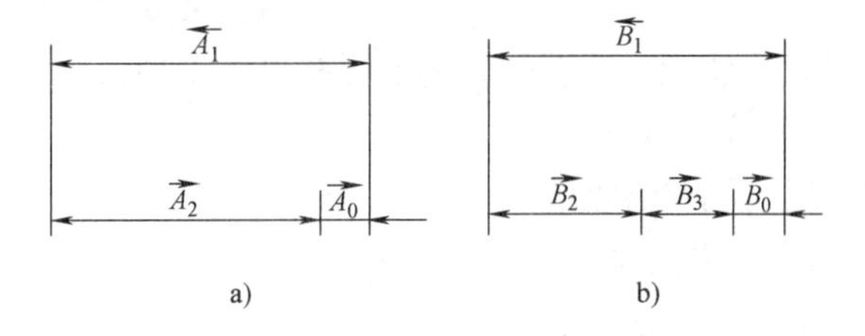

图 2-4　尺寸链简图

在图 2-4 所示的尺寸链简图中，由任一环为基准出发，顺时针或逆时针方向环绕其轮廓画出箭头符号。如果所指箭头方向与封闭环所指箭头方向相反的为增环，所指箭头方向与封闭环相同的为减环。

在解尺寸链方程时，同方向的环用同样的符号表示（区分 + 和 -）例如

$$A_1 - A_2 - A_3 - A_0 = 0$$

或

$$A_0 = A_1 - (A_2 + A_3)$$

式中　A_2、A_3、A_0 是同方向环，所以符号相同，都为 -。

A_1 与 A_2，A_3 箭头方向相反其符号也相反，都为 +。

尺寸链封闭环的基本尺寸，就是其各组成环基本尺寸的代数和。

当所有增环都为最大极限尺寸，而减环都为最小极限尺寸时，则封闭环必为最大极限尺寸。可用下式表示为

$$A_{0max} = A_{1max} - (A_{2min} + A_{3min})$$

式中　A_{0max}——封闭环最大极限尺寸；

A_{1max}——增环最大极限尺寸；

A_{2min}，A_{3min}——减环最小极限尺寸。

当所有增环都为最小极限尺寸，而减环都最大极限尺寸时，封闭环必为最小极限尺寸。可用下式表示为

$$A_{0min} = A_{1min} - (A_{2max} + A_{3max})$$

式中　A_{0min}——封闭环最小极限尺寸；

A_{1min}——增环最大极限尺寸；

A_{2max}，A_{3max}——减环最大极限尺寸。

封闭环公差等于各组成环的公差之和。即

$$\delta_o = \sum_{m+n} \delta_i$$

式中 δ_o——封闭环公差；

δ_i——各组成环公差；

m——增环数；

n——减环数。

求封闭环公差可用下式

$$\delta_o = A_1\delta_i + A_2\delta_i + A_3\delta_i$$

计算装配尺寸链的方法主要有以下4种：

1）完全互换法。

2）选择装配法。

3）修配法。

4）调整法。

2.7 旋转零件的平衡试验

2.7.1 旋转零件不平衡的原因

在机器中一般都有旋转的零部件，对旋转的零件或部件做消除不平衡的工作叫做平衡，平衡的目的主要是为了防止机器在工作时，出现不平衡的离心力，消除机器在工作中，由于不平衡而产生的振动，以保证机器的精度、延长其使用寿命。

在旋转过程中，旋转体的离心力为

$$F = We/g(2\pi n/60)$$

式中 W——转动零件的质量（kg）；

e——重心偏移量（m）；

g——重力加速度（9.81m/s）；

n——每分钟转数（r/min）。

旋转体的重心偏移量即使不大，当转速增加时，离心力也将迅速增加。此时会加速轴承的磨损，使机器发生摆动、振动及噪声，甚至大的事故。因此，在机器中，对于旋转精度要求较高的零件或部件，如带轮、齿轮、飞轮、曲轴、叶轮、电动机转子，砂轮等都要进行平衡试验。

2.7.2 旋转零件不平衡的类型

不平衡主要有静不平衡和动不平衡两种。

旋转体在径向位置有偏重的现象，叫静不平衡。主要表现为：旋转体的主惯性轴线和旋转轴线不重合，但互相平行，也就是说旋转体的重心不在旋转轴线上。如图2-5a所示，在旋转时，由于离心力的作用使轴朝偏重方向弯曲，并使机器产生振动，如图2-5b所示。例如一曲轴，如图2-5c所示。

旋转体在径向位置有偏重（或相互抵消）而在轴向位置上两个偏重相隔一定距离时，叫动不平衡。主要表现为：旋转体的主惯性轴线和旋转轴线相交，并相交于旋转体的重心上，如图2-6a所示，在旋转时，产生一不平衡力矩而使轴朝较重侧弯曲，如图2-6b所示。例如一曲轴，如图2-6c所示。

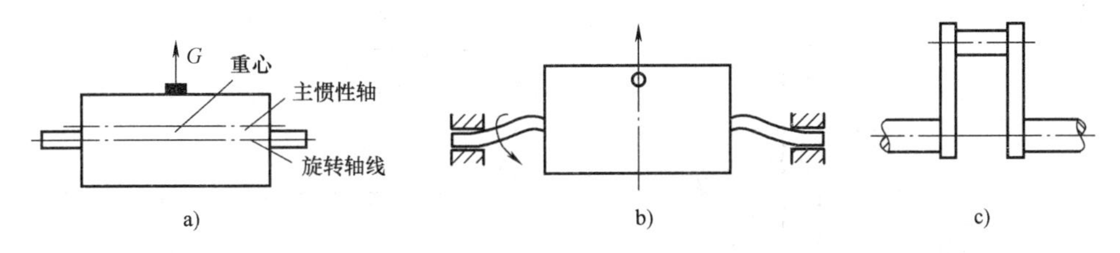

图 2-5　旋转零件的静不平衡

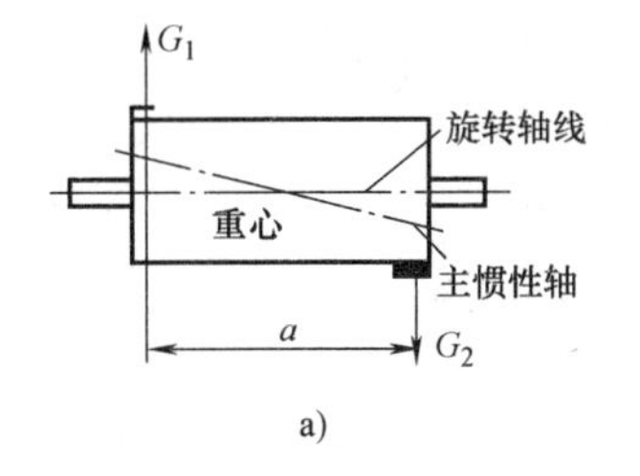

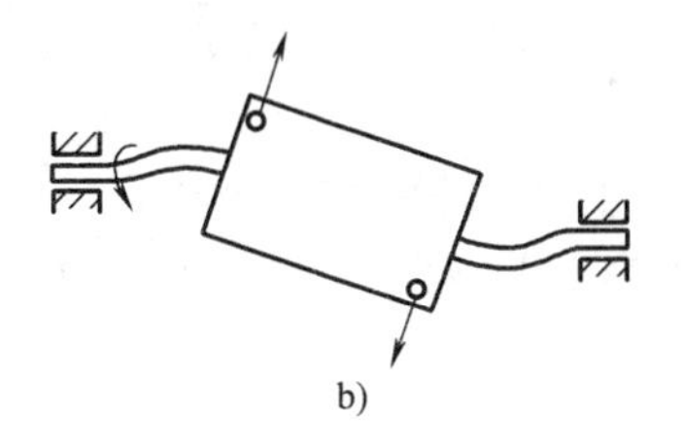

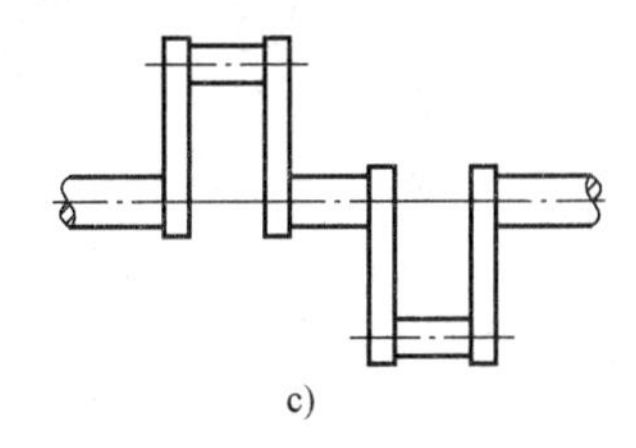

图 2-6　旋转零件的动不平衡

实际情况中，大多数旋转体是既存在静不平衡，又存在动不平衡，这种就叫静动不平衡。如图 2-7 所示。

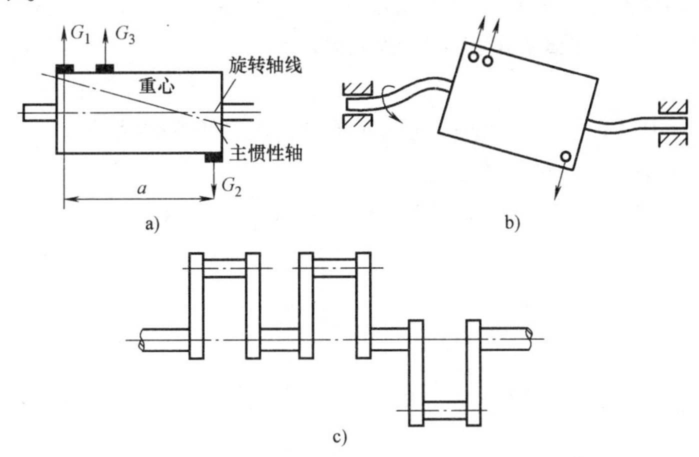

图 2-7　旋转零件的静动不平衡

2.7.3　旋转零件平衡的方法

平衡试验的方法有静平衡试验和动平衡试验两种。

1. 静平衡试验

调整产品或零部件使其达到静态平衡的过程叫静平衡试验。对于旋转线速度小于 6m/s 的零件或长度与直径之比小于 3 的零件，可以只作静平衡试验；如带轮、齿轮、飞轮、砂轮等盘类零件。

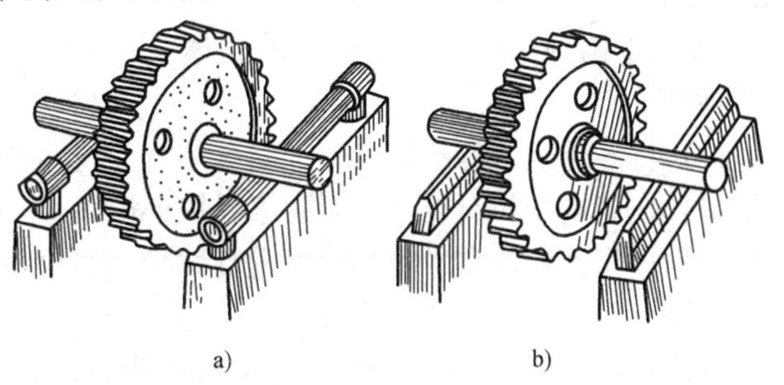

图 2-8　平衡架
a）圆柱形平衡架　b）棱形刀口平衡架

静平衡试验装置由框架和支承等组成。支承有圆柱形和棱形刀口的，如图 2-8 所示。图 2-9 所示为静平衡装置的

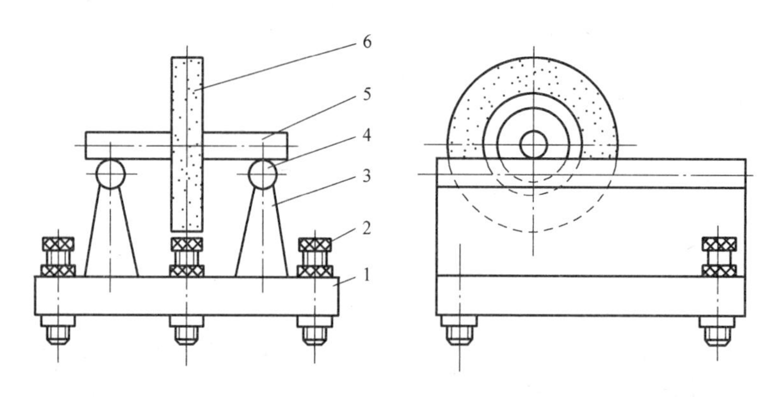

图2-9　静平衡装置的结构

1—底盘　2—调节螺钉　3—立柱　4—支承　5—心轴　6—被平衡件

结构。

静平衡试验的方法有装平衡杆、平衡块和三点平衡法。

（1）平衡杆　安装平衡杆作静平衡试验的步骤。

1）将试验件的转轴放在水平的静平衡装置上。

2）将试验件缓慢转动，若试验件的重心不在回转轴线上，待静止后不平衡的位置（重心）定会处于最低位置，在试件的最下方做上标记S。

3）装上平衡杆。

4）移动平衡重块G_1，使试验件达到在任意方向上都不滚动为止。

5）量取中心至平衡重块的距离L_1。

6）在试验件的偏重一边量取$L_0=L_1$找到对应点并作好标记G_0。

7）取下平衡块。

8）在试验件偏重一边的G_0点上钻去等于平衡块重量的金属或在偏重对边加上等于平衡块的重量，就可消除静不平衡。如图2-10所示。

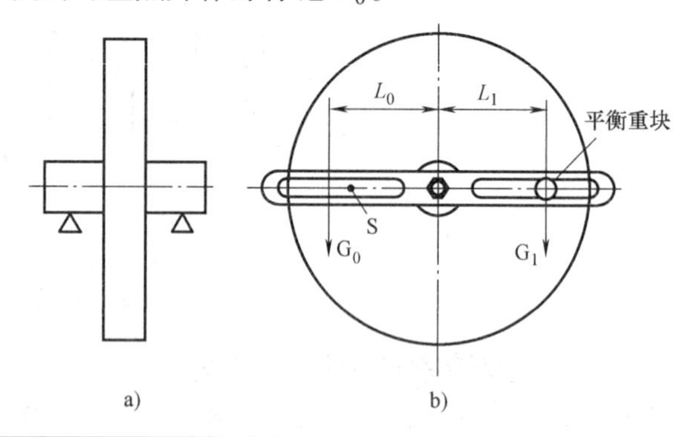

图2-10　用平衡杆进行静平衡

（2）平衡块　安装平衡块作静平衡试验的步骤。

对于磨床砂轮的平衡试验，通常采用装平衡块的方法使其平衡，以此为例，安装平衡块进行静平衡试验的具体步骤如下：

1）将砂轮经过静平衡试验，确定偏重位置并做上标记S。

2）在偏重的相对位置，紧固第一块平衡块G_1（这一平衡块以后不得再移动）。

3）再将砂轮放在平衡装置上进行试验，如果在任何位置上都能停留，那么一个平衡块就够了。

4）如果不行，就在平衡块G_1对应两侧面，紧固另外两块平衡块G_2、G_3。

5）再将砂轮放在平衡装置上进行试验。若仍不平衡，可根据偏重方向，移动两块平衡块G_2、G_3，直至砂轮能在任何位置上停留为止，如图2-11所示。

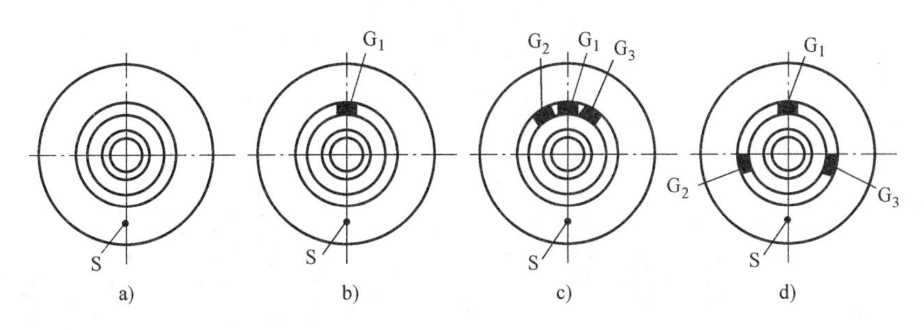

图 2-11　用平衡块进行静平衡

2. 动平衡试验

对旋转的零部件，在动平衡试验机上进行试验和调整，使其达到动态平衡的过程，叫动平衡。

动平衡试验要在动平衡试验机上进行。动平衡试验机有支架平衡机、摆动式平衡机，电子动平机，动平衡仪等数种，使用方法参阅有关资料，本书不做叙述。

习题与思考题

2-1　什么叫装配？装配的工艺过程有哪些？

2-2　生产类型有哪些？它的装配组织形式的特点是什么？

2-3　零件的清理、清洗方法及步骤有哪些？

2-4　常用的清洗液有哪些？各用于什么场合？

2-5　零件发蓝处理的方法和工艺过程是什么？影响发蓝处理的因素有哪些？

2-6　常见的粘合剂有哪些？

2-7　常见的装配方法有哪些？

2-8　旋转零件不平衡的类型有哪些？

2-9　安装平衡块作静平衡试验有哪些步骤？

第2篇 典型机构的装配

第3章 常用零件装配

装配时零件联接的种类按照其联接方式的不同，可分为固定联接和活动联接两种。固定联接有可拆的联接，如螺纹、键、销等；不可拆的联接，如铆接、焊接、压合、胶合、扩压等。活动联接有可拆的联接（轴与滑动轴承、柱塞与套筒等间隙配合零件）；不可拆的联接（任何活动联接的铆合头）。

3.1 装配时常用的工具

为了减轻劳动强度、提高劳动生产率和保证装配质量，一定要选用合适的装配工具和设备。对通用工具的选用，一般要求工具的类型和规格要符合被装配零件的要求，不得错用或乱用，要尽量采用专用工具。工程机械由于结构的特点，有时仅用通用工具不能或不便于完成装配作用，因此还须采用专用工具；此外，还应该积极采用一些机动工具和设备，如机动扳手、压力机等。这样，有利于提高生产效率和确保装配质量。

3.1.1 装卸工具

1. 螺钉旋具

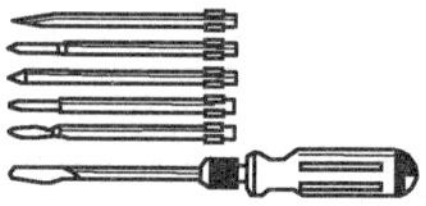

螺钉旋具用于拧紧或松开头部形状不同的螺钉。常用的有：一字槽螺钉旋具、双弯头一字槽螺钉旋具、十字槽螺钉旋具、十字槽机用螺钉旋具、夹柄螺钉旋具、螺旋棘轮螺钉旋具、多用螺钉旋具等。以上的螺钉旋具形状大致都类似，图3-1为多用螺钉旋具。

图3-1 多用螺钉旋具

除了上述老式传统螺钉旋具外，随着科学技术的发展新型的螺钉旋具不断产生，如图3-2a

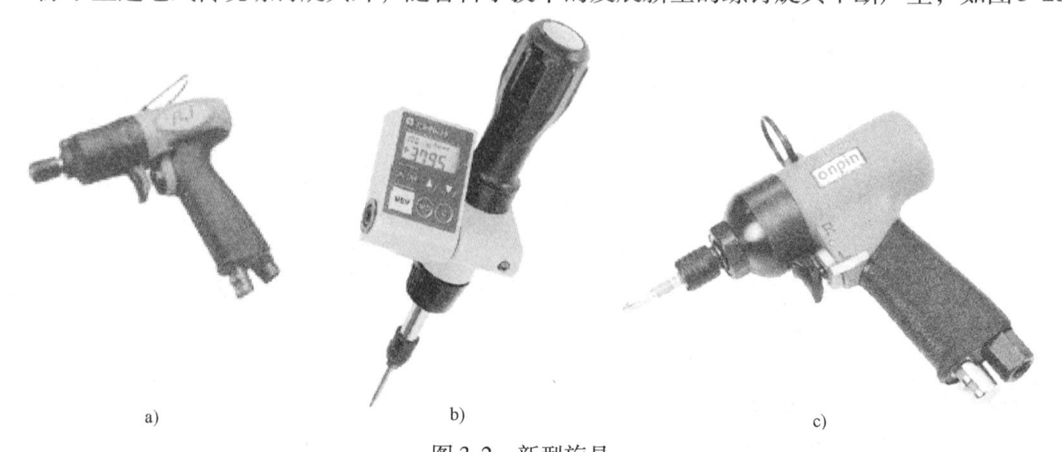

a)　　b)　　c)

图3-2 新型旋具

a）气动旋具 b）扭力旋具 c）风动旋具

所示的气动旋具、图 3-2b 所示的扭力旋具、图 3-2c 所示的风动旋具等。

2. 扳手

扳手用于拧紧和松开多种规格的六角头或方头螺栓、螺钉或螺母。常用的有：活扳手、多用活扳手、双头呆扳手、单头呆扳手、梅花扳手、套筒扳手、钩形扳手、内六角扳手、管子扳手、手动套筒扳手等。以上的扳手形状大致都类似，图 3-3 为管子扳手。

图 3-3　管子扳手

除了上述老式传统扳手外，随着科学技术的发展新型的扳手也不断产生，如图 3-4a 所示液压扳手、图 3-4b 所示棘轮扭力扳手、图 3-4c 所示风动扳手、图3-4d 所示气动扳手、图 3-4e 所示电动扳手、图 3-4f 所示扭力扳手、图 3-4g 所示万能扳手等。

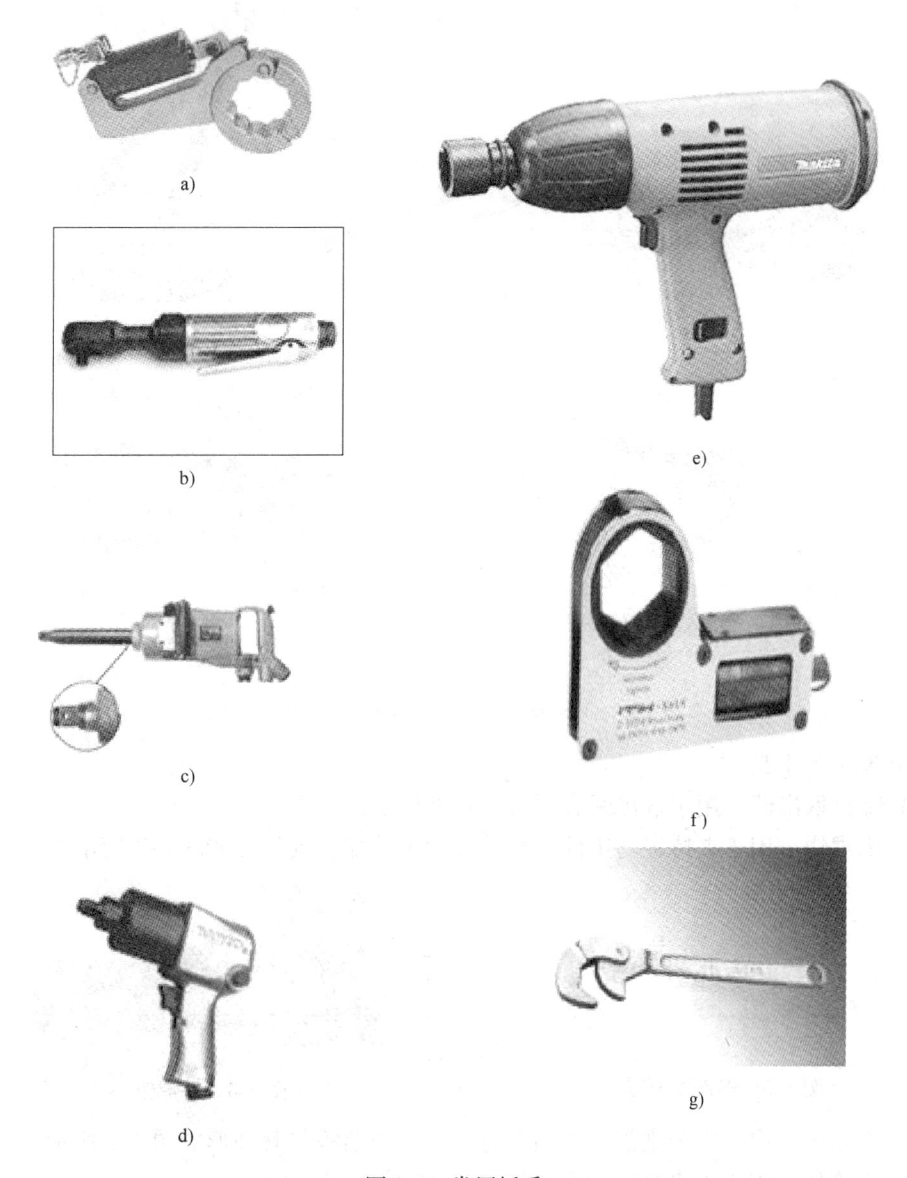

图 3-4　常用扳手

3. 钳子

钳子用于夹持或弯折薄形片、切断金属丝材及其他用途。常用的有：钢丝钳、多用钳、弯嘴钳、扁嘴钳、挡圈钳、剥线钳、断线钳、开箱钳、顶切钳、针钳、鸭嘴钳、修口钳、羊角起钉钳、水泵钳、扎线钳、尖嘴钳等各种钳子。以上的钳子形状大致都类似，如图3-5所示普通钳子。

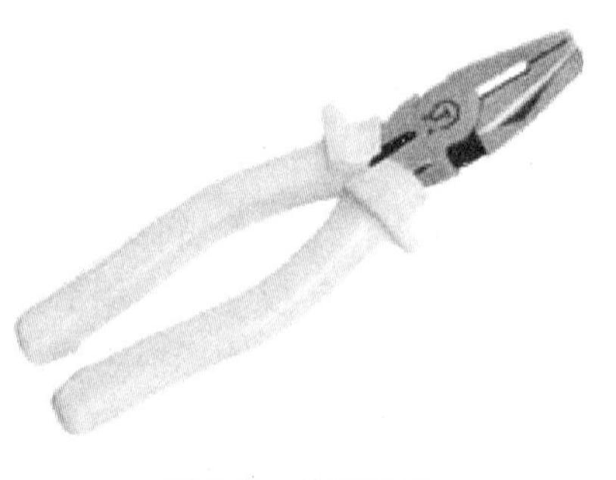

图3-5　普通钳子

除了上述老式传统钳子外，随着科学技术的发展新型的钳子不断产生，如图3-6a所示紧线钳、图3-6b所示铆钉钳、图3-6c所示多功能钳子、图3-6d所示铅封钳子、图3-6e所示打孔钳子等。

a) 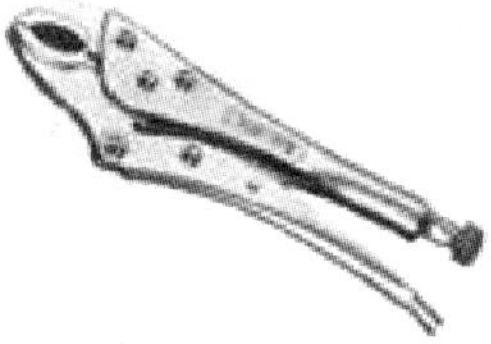　　b) 　　c)

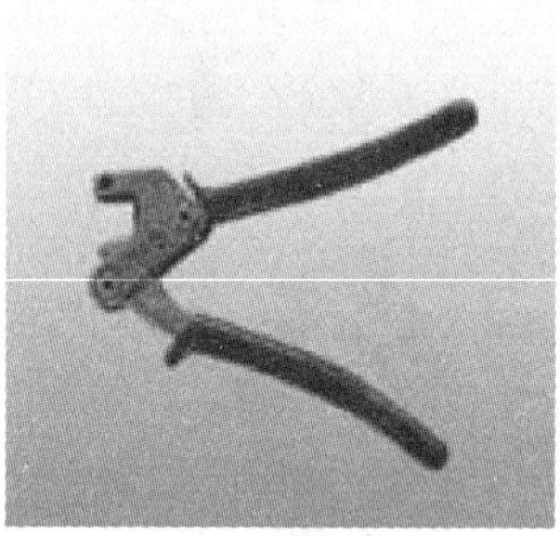

d) 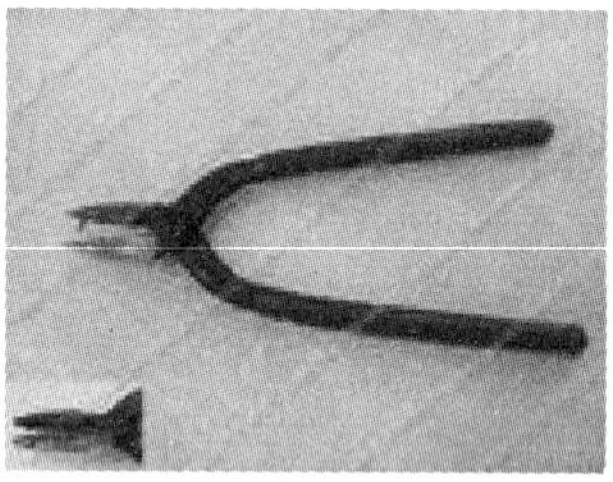　　e)

图3-6　常用钳子

4. 其他装卸工具

（1）螺钉取出器　用于取出断头螺钉，其外形如图3-7所示。

（2）手虎钳　用于夹持轻巧工件以便进行加工装配，其外形如图3-8所示。

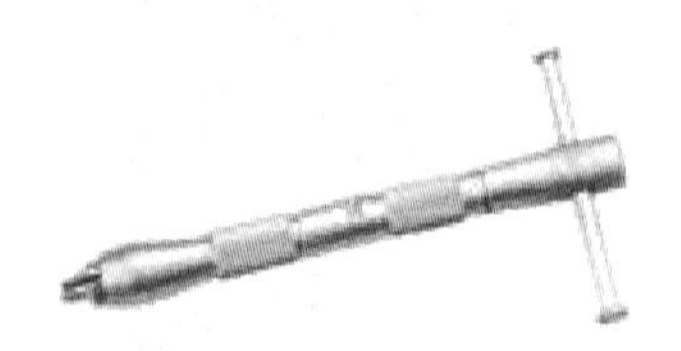

图3-7　螺钉取出器

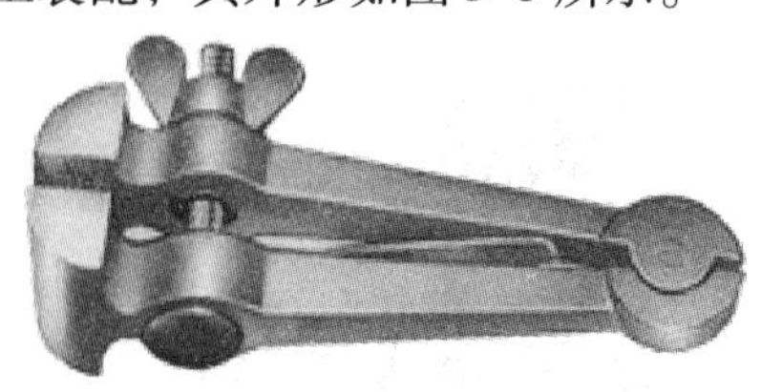

图3-8　手虎钳

（3）多用压管钳　用于维修液压油管时压型、切断等，其外形如图3-9所示。

（4）胀管器　用于扩胀管路和翻边等，其外形如图3-10所示。

（5）拉马　用于拆卸带轮、轴承等，其外形如图 3-11 所示。

（6）液压拉马　用于拆卸带轮、轴承等，其外形如图 3-12 所示。

图 3-9　多用压管钳

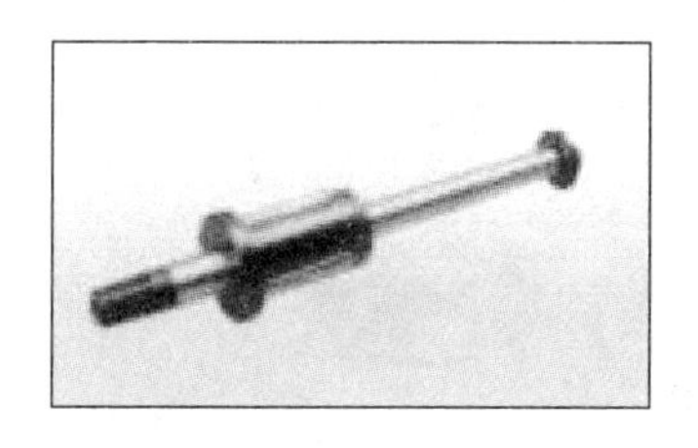

图 3-10　胀管器

图 3-11　拉马

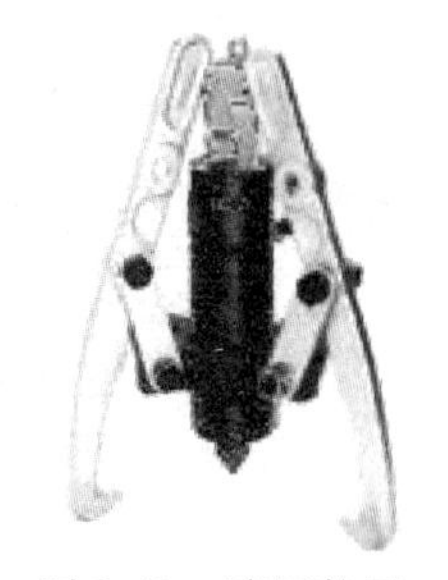

图 3-12　液压拉马

（7）样冲　用于钻孔前打凹坑，供钻头定位。

（8）冲子　用于非金属材料穿孔。

（9）钢号码　用于压印钢号。

3.1.2　电动工具

常用的电动工具有电钻、磁座钻、电动攻丝机、切割机、磨光机、电动胀管机、电动拉铆枪等，如图 3-13 所示。

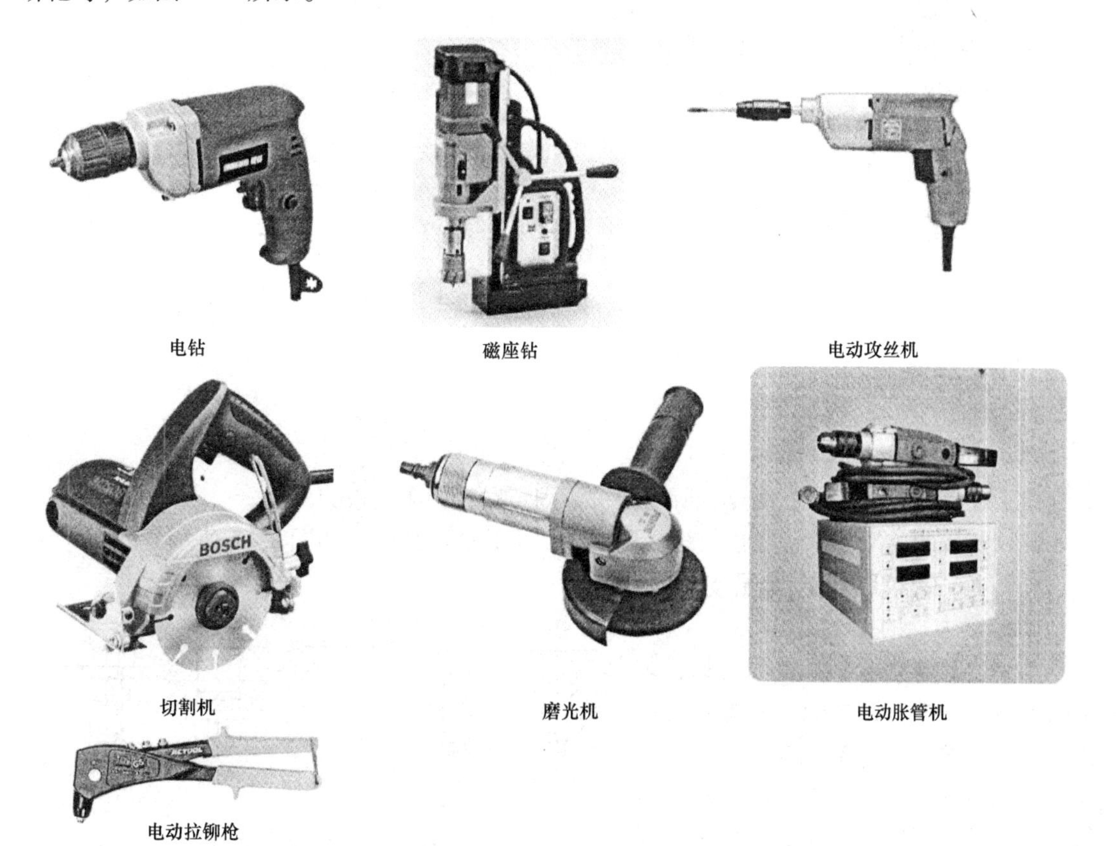

图 3-13　常用电动工具

3.1.3 气动工具

常用的气动工具有气钻、气扳机、气砂轮，用于螺钉的装拆有气动截断机、气动攻丝机、气动铆钉机、气动射钉枪等，如图3-14所示。

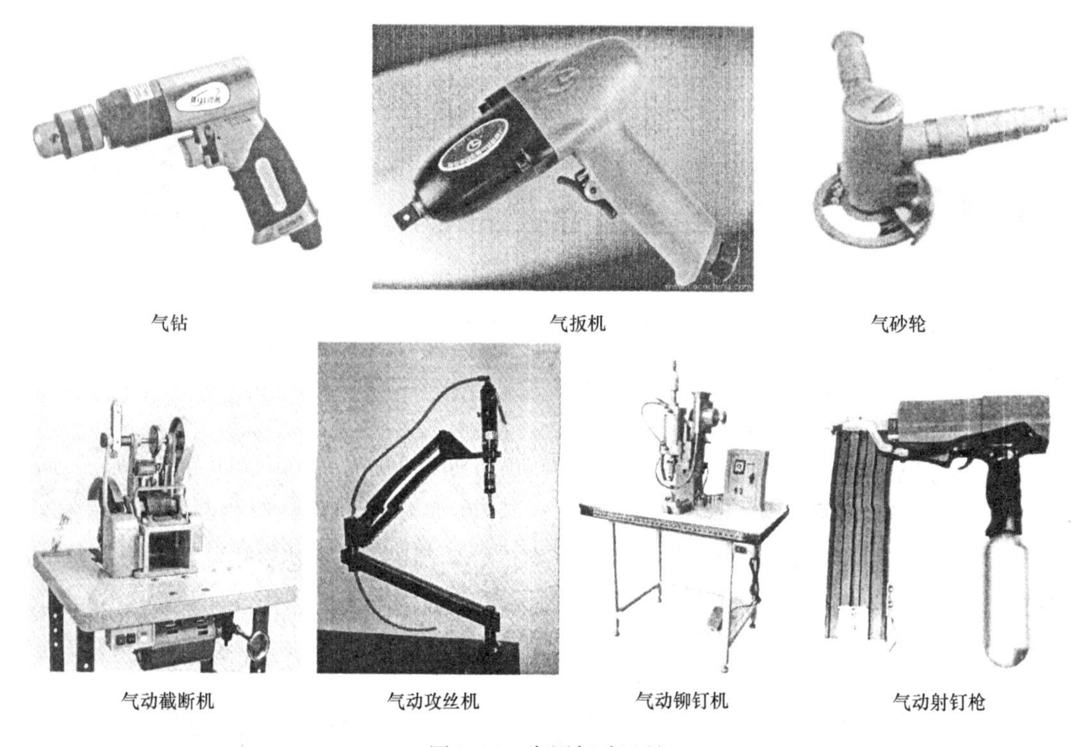

气钻 气扳机 气砂轮

气动截断机 气动攻丝机 气动铆钉机 气动射钉枪

图3-14 常用气动工具

3.2 螺纹联接

螺纹联接是一种可拆的固定联接。螺纹联接具有以下优点：

1）结构简单。

2）联接可靠。

3）装拆方便，迅速。

4）装拆时不易损坏机件。

由于螺纹联接具有以上优点，所以在机械固定联接中应用极为广泛。

螺纹联接的类型有螺钉联接，螺栓联接、双头螺柱联接等，如图3-15所示。

3.2.1 螺纹联接的装配技术要求

1. 拧紧力矩的大小

为了达到联接可靠和紧固目的，装配时要有一定的拧紧力矩，使螺纹间产生足够的预紧力和摩擦力矩。

预紧力的大小是根据装配要求决定的。一般紧固螺纹无预紧力的要求，只要采用普通扳手并由装配者按经验控制

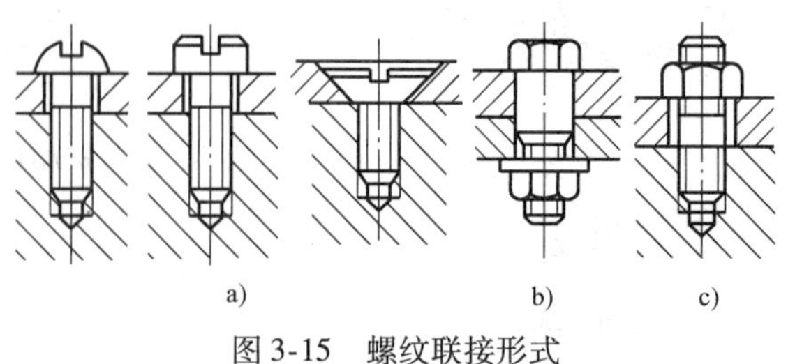

图3-15 螺纹联接形式

a）螺钉联接 b）螺栓联接 c）双头螺柱联接

即可。

规定预紧力的螺纹联接，其预紧力的大小，可用下式计算出拧紧力矩

$$M = kP_0 d \times 10$$

式中　M——拧紧力矩（N·m）；

d——螺母公称直径（mm）；

k——拧紧力矩系数（一般为：有滑润时，$k=0.13\sim0.15$，无滑润时，$k=0.18\sim0.21$）；

P_0——预紧力。

2. 控制螺纹预紧力的方法

（1）利用专用的装配工具　如测力扳手，定扭矩扳手，电动、风动扳手等，测力扳手是较常用的一种。

（2）测量螺栓的伸长法。拧紧前先测出螺栓的螺纹原长度 l_1，再根据预紧力 P_0 拧紧螺母。这时螺栓受力后螺纹的拉伸总长为 l_2，即：$l_2 - l_1$ = 伸长数，根据伸长数便可确定拧紧力矩是否正确。

（3）扭角法　其原理与测量螺栓伸长法相同，只是将伸长量折算成螺母在原始拧紧位置上（各被联接件贴紧后），再拧转一个角度。

（4）螺栓不应有歪斜或者弯曲现象，螺母应与被联接件接触良好。

（5）被联接件平面要有一定的紧固力，并且受力均匀，联接牢固。

3.2.2　双头螺柱联接的装配方法

1. 双螺母拧紧法

先将两个螺母相互锁紧在双头螺柱上，然后转动上面的螺母，即可把双头螺柱拧入螺孔，如图3-16所示。

2. 长螺母拧紧法

先将长六角螺母旋在双头螺柱上，再拧紧止动螺钉，然后扳动长螺母，即可将双头螺柱拧入螺孔，如图3-17所示。

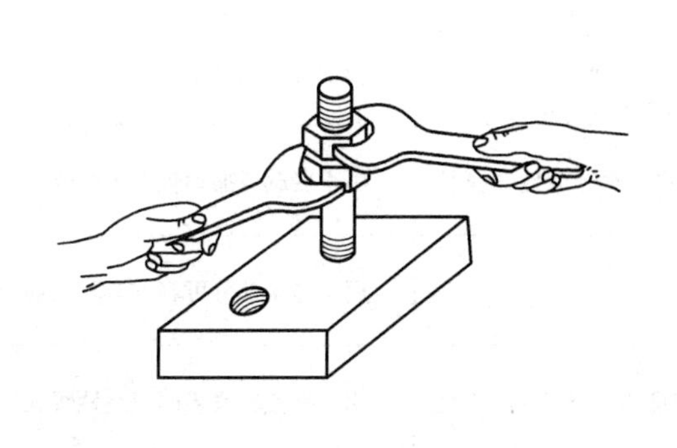

图3-16　双螺母拧紧法

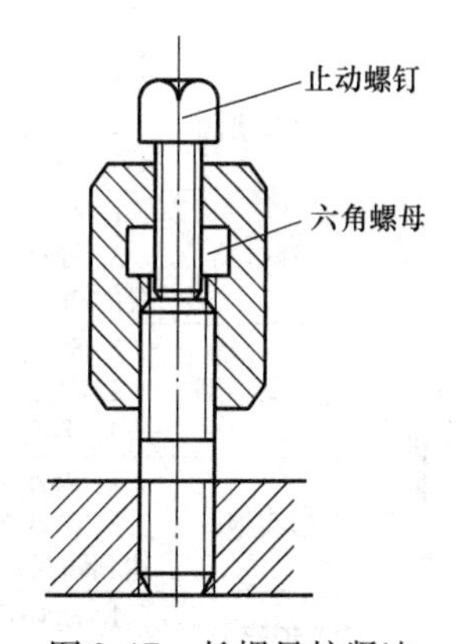

图3-17　长螺母拧紧法

注意：装入双头螺柱时，必须先用润滑油将螺栓、螺孔间隙润滑，以免拧入时产生咬住现象，损伤联接面；同时，应保证双头螺栓与机体螺纹的配合紧固性，保证双头螺柱轴心线与机体表面垂直。

3.2.3 螺栓、螺钉、螺母装配的注意事项

1）单独的螺栓、螺钉、螺母的装配比较简单，主要注意在装配前，零件装配处的平面应经过加工；螺栓、螺钉、螺母和零件表面应擦净；螺孔内的赃物应清理干净。装配后螺栓、螺钉、螺母的表面必须与被联接件表面紧密贴合，以保证联接牢固可靠。

2）一组螺栓、螺钉、螺母装配成直线形或长方形分布时，先将螺母分别拧到贴近被联接件表面，然后按图3-18所示的顺序，从中间开始，向两边对称地依次拧紧。

3）一组螺栓、螺钉、螺母装配成方形或圆形分布时，先将螺母分别拧到贴近被联接件表面，然后按图3-19所示的顺序，从中间开始，向两边对称地依次拧紧。

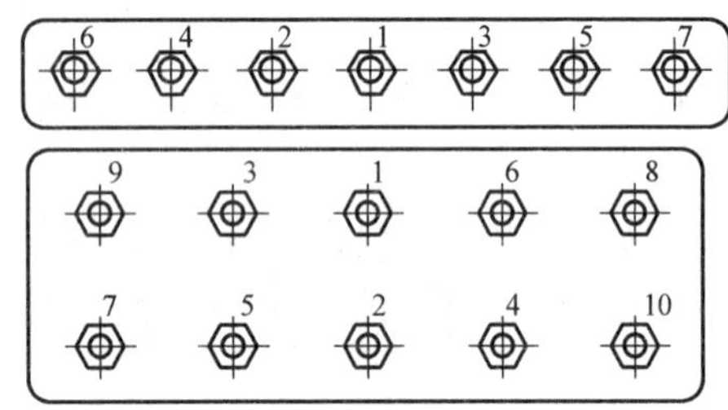

图3-18 直线形与长方形

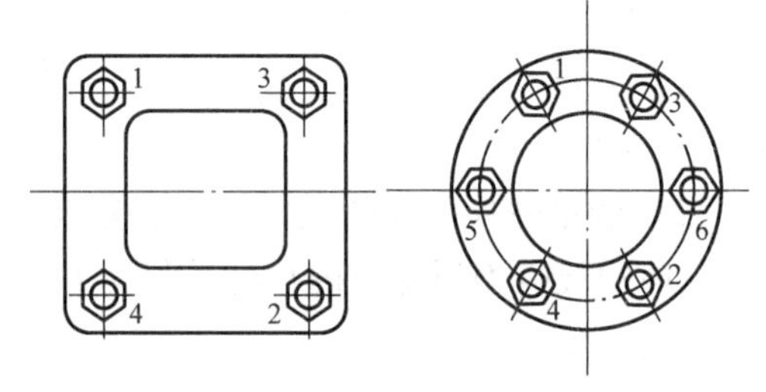

图3-19 方形与圆形

4）拧紧成组螺母时要做到分次逐步拧紧，一般不少于三次，并且必须按一定的拧紧力矩拧紧。若有定位销，拧紧要从定位销附近开始。

3.2.4 螺纹联接常用的防松装置

螺纹联接一般都具有自锁性，在静载荷作用下或者是工作温度变化不大时，一般不会自行松脱。但是在受到冲击、振动或是工作温度变化很大时，螺纹联接就可能松动。为了保证螺纹联接的可靠，就必须采用防松装置。螺纹联接防松原理、种类、特点及应用场合见表3-1。

表3-1 螺纹联接防松原理、种类、特点及应用场合

序号	防松原理	种类	特　点	应用场合
1	附加摩擦力	锁紧螺母	1. 使用两只螺母，使结构尺寸和重量增加 2. 多用螺母，不经济 3. 防松可靠	用于低速重载或较平稳的场合
		弹簧垫圈	1. 结构简单 2. 易刮伤螺母和被联接件表面 3. 弹力不均，螺母可能偏斜	用于普通场合
2	机械防松	开口销	1. 防松可靠 2. 螺杆上销孔位置不易与螺母最佳锁紧位置的槽吻合	用于变载或振动较大的场合
		止动垫圈	1. 防松可靠 2. 制造麻烦 3. 多次拆卸后易损坏	用于连接部分可容纳弯耳的场合
		窜联钢丝	1. 钢丝相互牵制，防松可靠 2. 串联钢丝麻烦，若串联方向不正确，不能达到防松的目的	用于布置较紧凑的成组螺纹联接
		钢丝卡紧法	1. 防松可靠 2. 装拆方便 3. 防松力较小	用于各种沉头螺钉
		点铆法	1. 防松可靠，操作简单 2. 拆卸后联接零件不能再次使用	用于各种特殊需要的联接
3	粘接防松	厌氧性粘合剂	1. 粘接牢固 2. 粘接后不易拆卸	用于各种机械修理场合

3.3 键联接

键联接就是用键将轴与轴上零件联接在一起，用以传递转矩的一种联接方法。

键联接具有结构简单、工作可靠，装拆方便等优点，所以在机器装配中广泛应用，如齿轮、带轮、联轴器等与轴的联接多采用键联接。

3.3.1 键联接的种类

键联接所用键的种类、特点及应用场合见表3-2。

表3-2 键联接所用键的种类、特点及应用场合

序号	种类		特点	应用场合
1	松键	普通平键	靠侧面传递转矩，对中性良好，但不能传递轴向力	主要用于轴上固定齿轮、带轮、链轮、凸轮和飞轮等旋转零件
		半圆键	靠侧面传递较小的转矩，对中性好，半圆面能围绕圆心作自适性调节，不能承受轴向力	主要用于载荷较小的锥形联接或作为辅助的联接装置。在汽车、拖拉机和机床中应用较多
		导向平键	除具有普通平键特点外，还可以起导向作用	一般用于轴向滑动处
2	紧键		靠上、下面传递转矩，键本身有1∶100的斜度，能承受单向轴向力，但对中性差	一般用于需承受单方向的轴向力及对中性要求不严格的联接处
3	花键	矩形	接触面大，轴的强度高，传递转矩大，对中性及导向性好，但成本较高	一般用于需对中性好、强度高、传递载荷大的场合，如汽车和拖拉机以及切削力较大的机床传动轴等
		渐开线形		
		三角形		

3.3.2 松键联接的装配

1）装配前，清理键与键槽的锐边、毛刺。

2）对重要的键联接，装配前应检查键的直线度、键槽对称度和倾斜度。

3）用键头与轴槽试配松紧，应使键能紧紧地嵌在轴槽中。键的顶面与轴槽之间应有0.3～0.5mm的间隙。

4）锉配键长，键宽与轴键槽间应留0.1mm左右的间隙。

5）在配合面涂上润滑油，用铜棒或台虎钳（钳口上应加铜皮垫）将键压装在轴槽中，直至与槽底面接触。

6）试配并安装套件，安装套件时要用塞尺检查非配合面间隙，以保证同轴度要求。

7）半圆键装拆方便，如图3-20所示。

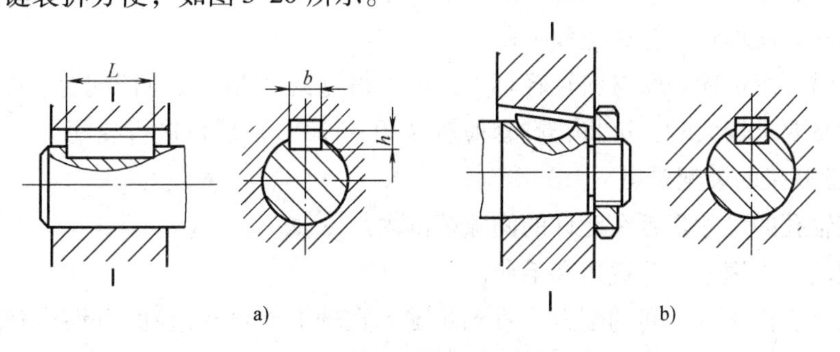

图3-20 普通平键和半圆键联接

a）平键联接 b）半圆键联接

8）对于导向平键，装配后应滑动自如，为了拆卸方便，设有起键螺钉，但不能摇晃，以免引起冲击和振动，如图3-21所示。

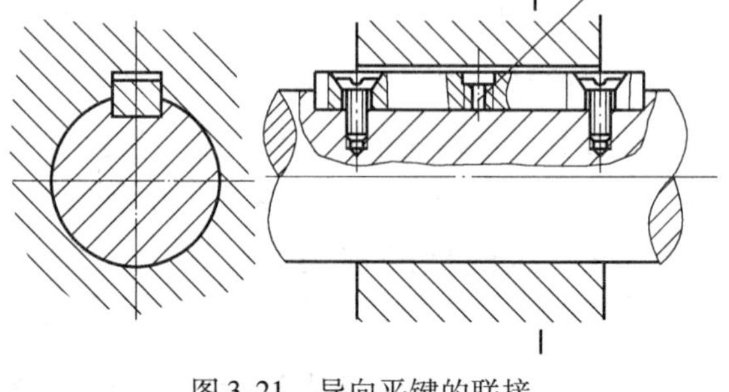

图3-21　导向平键的联接

3.3.3　紧键联接的装配

1）装配前，清理键与键槽的锐边、毛刺。

2）将轮装在轴上，并对正键槽。

3）键上和键槽内涂润滑油，用铜棒将键打入，两侧要有一定的间隙，键的底面与顶面要紧贴。

4）普通楔键联接在配键时，要用涂色法检查斜面的接触情况，若配合不好，可用锉刀、刮刀修整键或键槽，如图3-22所示。

5）若是钩头紧键，不能使钩头贴紧套件的端面，必须留有一定距离，以便拆卸，如图3-23所示。

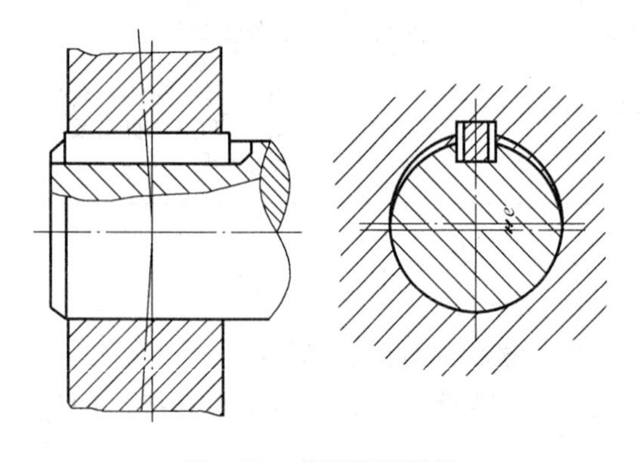

图3-22　普通楔键联接

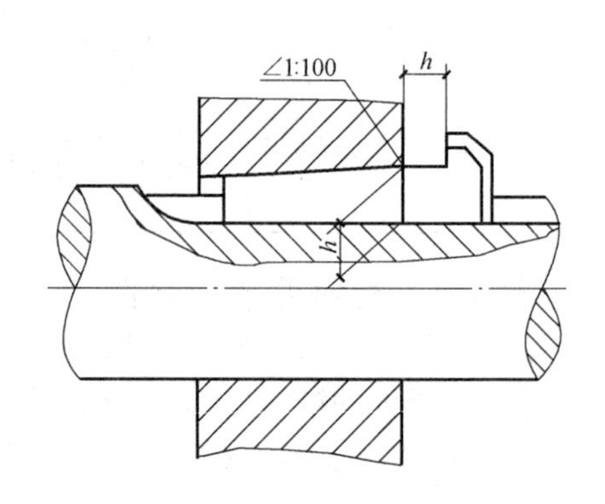

图3-23　钩头楔键联接

3.3.4　花键联接的装配

花键的联接有固定套和滑动套两种类型。

1. 固定套联接的装配要点

1）检查轴、孔的尺寸是否在允许过盈量的范围内。

2）装配前，清理轴、孔锐边和毛刺。

3）装配时可用铜棒等软材料轻轻打入，但不得过紧，否则会拉伤配合表面。

4）过盈量要求较大时，可将花键套加热（80～120℃）后再进行装配。

2. 滑动套联接的装配要点

1）检查轴孔的尺寸是否在允许的间隙范围内。

2）装配前，清理轴、孔锐边和毛刺。

3）用涂色法修正各齿间的配合，直到花键套在轴上能自动滑动，没有阻滞现象。注意不应有径向间隙感觉。

4）花键套孔径若有较大缩小现象，可用花键推刀修整。

3.4　销联接

用销钉将机件联接在一起的方法称为销联接。销联接的作用有：

(1) 定位作用　如图 3-24 所示。

(2) 联接作用　如图 3-25 所示。

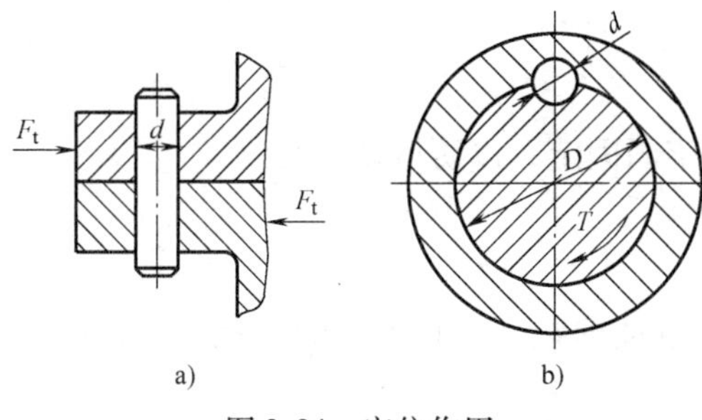

图 3-24　定位作用

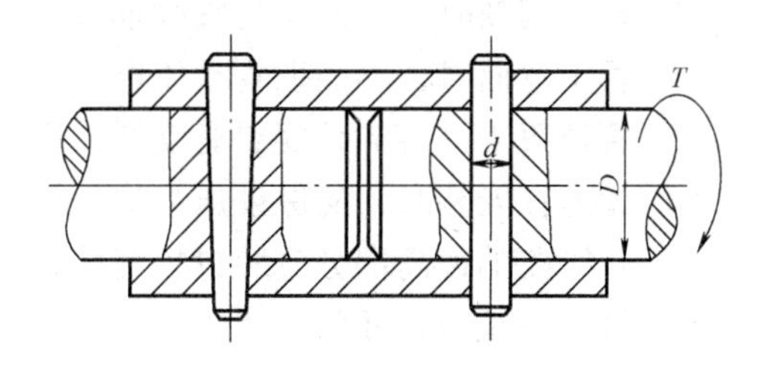

图 3-25　联接作用

(3) 保险作用　如图 3-26 所示。

销联接具有结构简单、联接可靠和装拆方便等优点。常用的销联接有圆柱销、圆锥销、槽销、开口销、安全销等。

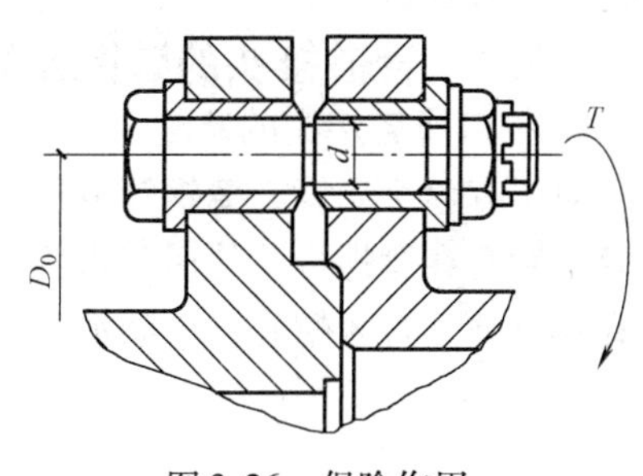

图 3-26　保险作用

3.4.1　圆柱销的装配

1) 圆柱销一般多用于各种机件的定位（如夹具、各类冲模等）。所以装配前应检查销钉与销孔是否有合适的过盈量。一般过盈量在 0.01mm 左右适宜。

2) 为保证联接质量，应将联接件两孔一起钻铰。

3) 装配时，销上应涂机油润滑。

4) 装入时，应用软金属垫在销子端面上，然后用锤子将销孔打入孔中。也可用压入法装入。

5) 遇到打不通孔的销孔，应先用带切销锥的铰刀最后铰到底，同时在销钉外圆用油石磨一通气平面，否则由于空气排不出，销钉打不进去。

3.4.2　圆锥销的装配

1) 将被联接工件的两孔一起钻铰。

2) 边铰孔，边用锥销试测孔径，以销能自由插入销长的 80% 为宜。

3) 销锤入后，销子的大头一般以露出工件表面或使之一样平为适。

4) 不通锥孔内应装带有螺孔的锥销，以免取出困难。

3.5　管道连接的装配

管道是用来输送液体或气体的，如金属机床上用来输送切削液和润滑油；液压传动系统中用来输送液压油；空气压缩站输送压缩空气等。这些管道连接常用的管子有钢管、有色金属管、橡胶管和尼龙管等。

管道连接可分为可拆卸的连接和不可拆卸的连接。可拆卸的连接主要由管子、管接头、连接盘和衬垫等零件组成；不可拆卸的连接主要是用焊接的方法连接而成。

3.5.1 管道联接的技术要求

1. 管道的选择应该根据压力和使用场所的不同来进行。要保证有足够的强度、内壁光滑、清洁、无砂眼、无锈蚀、无氧化皮等缺陷。

2. 对有腐蚀的管道，在配管作业时要进行酸洗、中和、清洗、干燥、涂油、试压等工作，直到合格才能使用。

3. 管子切断时，断面要与轴线垂直。

4. 管子弯曲时，不能把管子压扁。

5. 管道每隔一定的长度要有支撑，用管夹头牢固固定，以防振动。

6. 管道在安装时，应保证压力损失最小。

7. 在管路的最高部分应装设排气装置。

8. 管道系统中，任何一段管道或者零件都能单独拆装，而且不影响其他零件，以便于修理。

9. 管道安装好后，应再拆卸下来，经过清洗干燥、涂油及试压，再进行二次安装，以免污物进入管道。

3.5.2 管道接头的装配及维修

1. 扩口簿管接头的装配

对于有色金属管、簿钢管或尼龙管都采用扩口簿管接头的装配。装配时先将管子端部扩口套上管套和管螺母，然后装入管接头。一般在管接头螺纹处涂上白胶漆或者用密封胶带包裹在螺纹外，拧入螺孔，以防泄漏。如图3-27，图3-28所示。

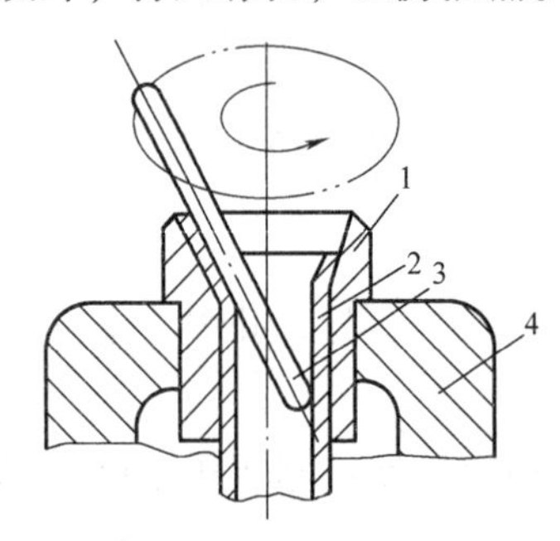

图3-27 手动滚压扩口

1—扩口模 2—油管 3—小棒 4—台虎钳

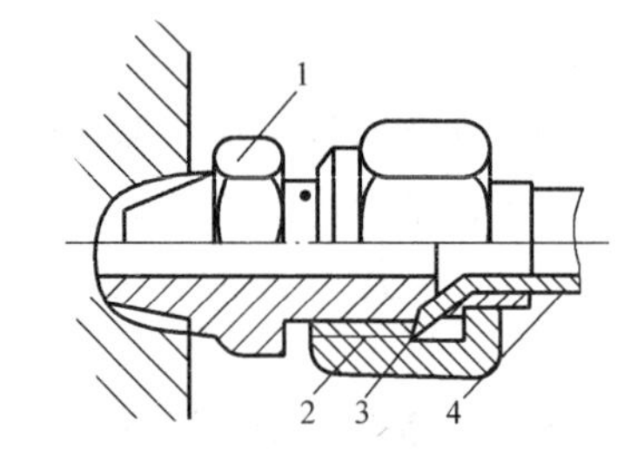

图3-28 扩口簿管接头

1—管接头体 2—管螺母 3—管套 4—管子

2. 球形管接头的装配

把凹球面接头体和凸球面接头体分别和管子焊接，再把联接螺母套在球面接头体上，然后拧紧联接螺母，如图3-29所示。此装配也可以采用法兰接头，如图3-30所示。

3. 高压胶管接头的装配

将胶管接头处剥去一定长度的外胶皮，在剥离处倒15°角，剥去外胶皮时不能损坏钢丝层，然后装入外套内，把接头小心拧入外套及胶管中，如图3-31所示。

4. 管道连接的维修

管道经过长期使用后，管子和管接头会经常发生漏液、漏气或者断裂现象。一般钢管及联接盘可以进行焊接修补，实在不行的更换新管子。橡胶、尼龙管子泄漏时应及时更换新管子，胶管端部与外套螺纹部分应留有约1mm，如图3-32所示。

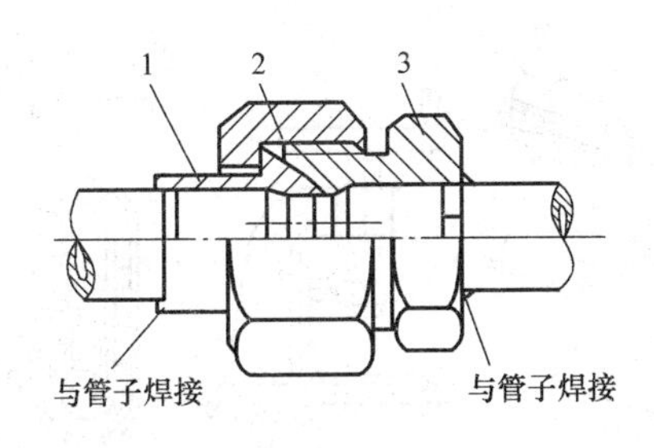

图3-29 球形管接头

1—凸球面接头体 2—联接螺母 3—凹球面接头体

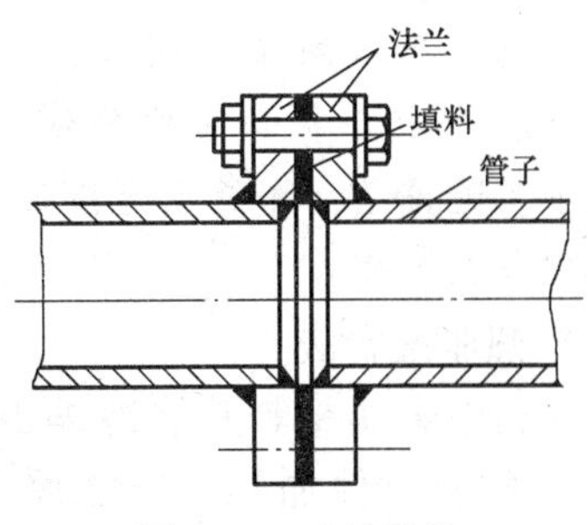

图3-30 法兰接头

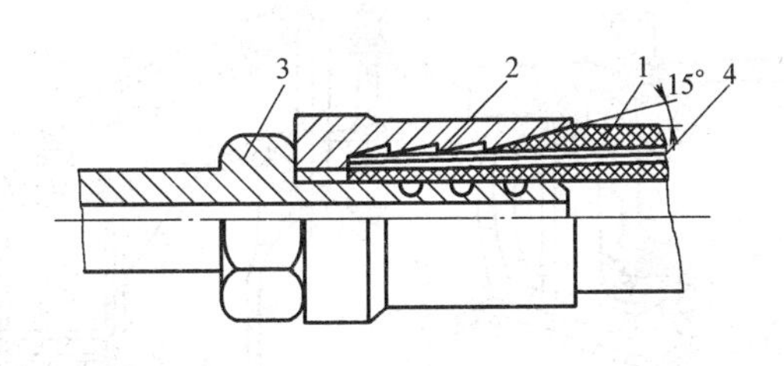

图3-31 高压胶管接头

1—胶管 2—外套 3—接头心 4—钢丝层

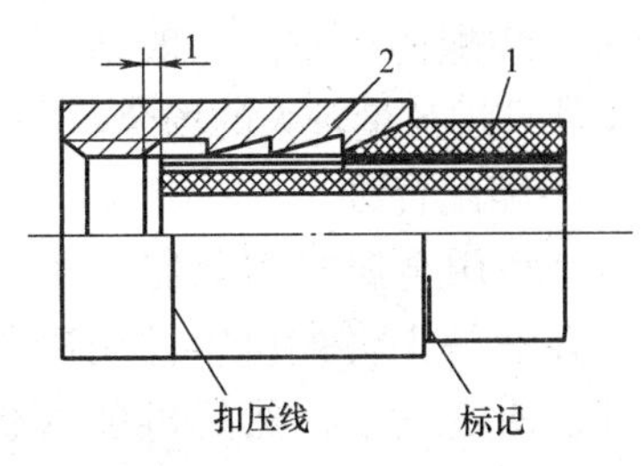

图3-32 胶管装进外套

1—胶管 2—外套

3.6 过盈连接的装配

包容件（孔）和被包容件（轴）利用过盈来达到紧固连接的目的叫过盈连接。过盈连接具有结构简单，对中性好，承受能力强（能承受变载和冲击力）。由于过盈配合没有键槽，因而可避免机件强度的削弱，但配合面加工精度要求较高，加工麻烦。

3.6.1 圆柱面过盈连接的技术要求

1）装配后最小的实际过盈量，要能保证两个零件相互之间的准确位置和一定的紧密度。

2）装配后最大的实际过盈量要保证不会使零件遭到损伤，甚至破裂。

3）为了便于装配，包容件的孔端和被包容件的进端都要适当倒角（一般倒角5°~10°）。

3.6.2 圆柱面过盈连接的方法及场合

1. 压入法

适用于配合要求较低或配合长度较短的场合。此法多用于单件生产。常用的压入方法及设备如图3-33所示。

采用压入配合法应注意以下几点：

1）配合表面应有较高的精度和较细的表面粗糙度，包容件和被包容件的进入端应有倒角。

2）在压入时，配合表面应用油润滑，以免拉伤配合表面。

3）压入速度适中，常用2~4mm/s，不宜超过10mm/s，并须准确控制压入行程。

4）压入时不允许有歪斜现象，最好采用专用的导向工具。

5）成批生产时，最好选用分组选配法装配，可以放宽零件加工要求，而得到较好的装配质量。

注意：压入法工艺简单，但因装配过程中配合表面易被擦伤，因而减少了过盈量，降低了连接强度，故不宜多次拆装。

2. 热胀配合法

是利用金属材料热胀冷缩的原理，先将包容件加热，使之胀大，然后将被包容件装入到配合位置，从而达到装配的要求。一般适用于大型零件且过盈量较大的场合。

3. 冷缩配合法

也是利用金属材料热胀冷缩的原理，方法是先将被包容件用冷却剂冷却，使之缩小，然后再装入包容件到配合位置，从而达到装配的要求。冷缩法和热胀发相比，收缩变形量较大，因而多用于过渡配合，有时也用于轻型静配合。

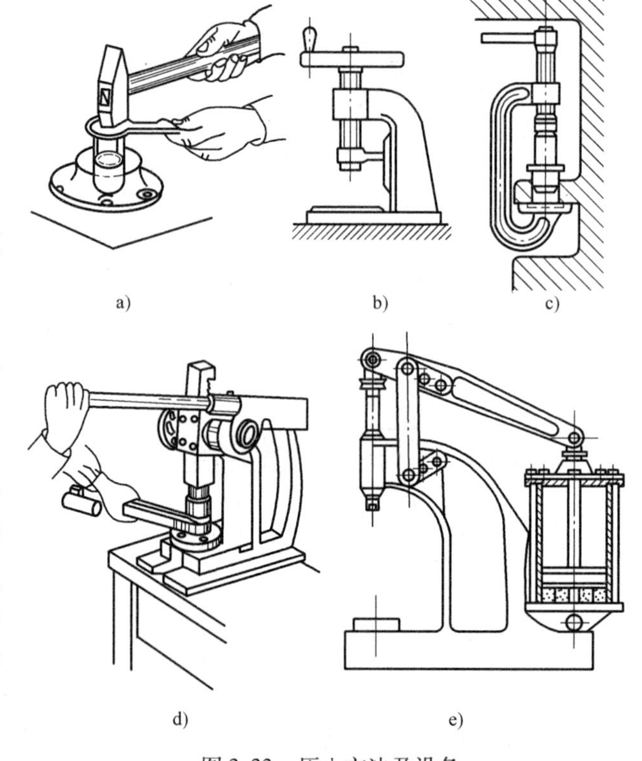

图3-33 压入方法及设备

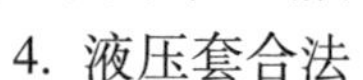

4. 液压套合法

一般适用于将轴，轴套一起进行压入的场合。利用液压装拆圆锥面过盈连接时，要注意以下几点：

1）严格控制压入行程，以保证规定的过盈量。

2）开始压入时，压入速度要小。

3）达到规定行程后，应先消除径向油压后，再消除轴向油压，否则包容件常会弹出而造成事故。拆卸时也应注意。

4）拆卸时的油压比安装时要低。

5）安装时，配合面要保持洁净，并涂以经过滤的轻质润滑油。

3.6.3 圆锥面过盈连接的装配

圆锥面过盈连接，是利用包容件和被包容件相对轴向位移相互压紧而获得过盈结合的。特点是压合距离短，装拆方便，装拆时不容易擦伤配合面，可用于多次装拆的场合。

圆锥面过盈连接的装配方法有两种：

1）用螺母压紧圆锥面的过盈连接，一般多用在轴端部，如图3-34所示。

2）液压装拆圆锥面过盈连接，装配时用高压泵由包容件或被包容件上的油孔和油槽压入配合面，使包容件的内径胀大，被包容件的内径缩小，同时还要施加一定的轴向力使孔轴互相压紧。当压紧到预定的位置时排出高压油就形成过盈连接，如图3-35所示。

3.6.4 过盈连接的装配要点

1）相配合的表面粗糙度应符合要求，表面本身要洁净。

2）经加热或冷却的配合件在装配前要擦拭干净。

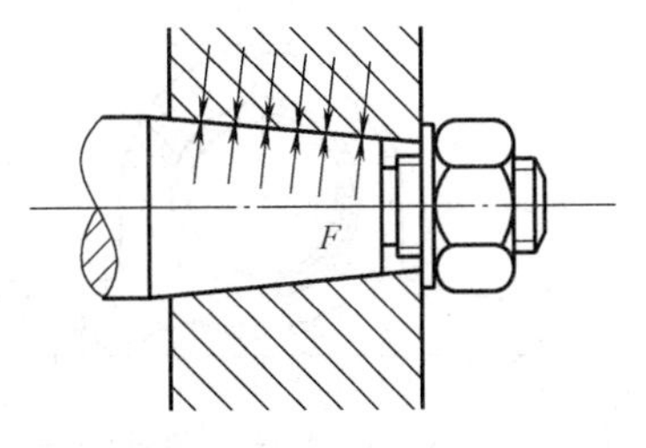

图 3-34　用螺母压紧圆锥面的过盈连接

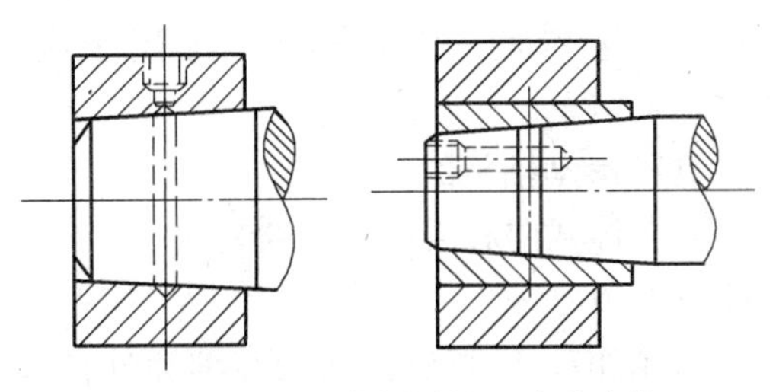

图 3-35　液压装拆圆锥面过盈连接

3）装配时配合表面必须用润滑油，以免装配时擦伤表面。

4）装压过程要保持连续，速度不宜太快，一般以 2 ~4mm/s 为宜。

5）压入时，特别是开始压入阶段必须保持轴与孔的中心线一致，不允许有倾斜现象。

6）细长的薄壁件（如管件）要特别注意检查其过盈量和形状误差，装配要尽量采用垂直压入，以防变形。

3.7　轴承的装配

用来支承轴或轴上旋转零件的部件称为轴承。轴承按摩擦性质不同和受力方向不同分为以下几类：

1. 按摩擦性质不同分

（1）滑动轴承

（2）滚动轴承

2. 按受力方向不同分

（1）承受径向力的径向轴承

（2）承受轴向力的推力轴承

3.7.1　滑动轴承的装配

轴与轴承孔进行滑动摩擦的轴承称为滑动轴承。

1. 滑动轴承的类型

（1）按承受载荷的方向不同分　分为径向轴承，推力轴承，其他：圆锥轴承、球面轴承。

（2）按承受载荷的方式不同分　分为动压轴承，静压轴承。

（3）按所用润滑剂的种类不同分　分为液体润滑轴承，气体润滑轴承，其他：固体润滑、脂润滑等。

（4）按轴承材料种类不同分　分为金属轴承，粉末冶金轴承，非金属轴承：塑料、橡胶等。

（5）按轴承结构型式不同分　分为整体或对开轴承，单瓦或多瓦轴承，全周或部分包角轴承。

2. 滑动轴承的特点

1）工作可靠。

2）传动平稳，无噪声。

3）润滑油膜具有吸振能力；

4）能承受较大的冲击载荷。

基于上述特点，滑动轴承一般用于高速运转的机械传动。

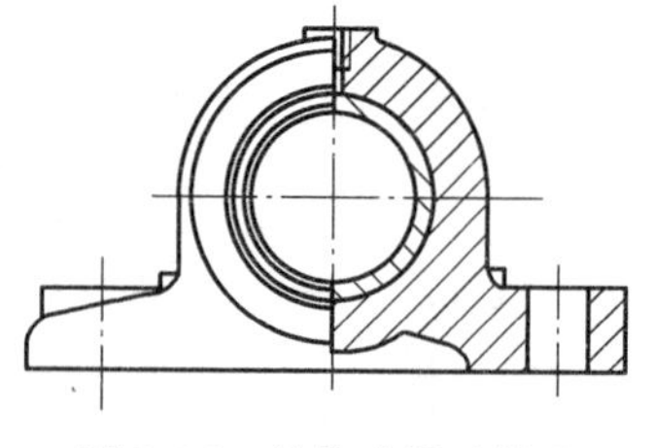
图3-36　整体式滑动轴承

3. 几种滑动轴承的装配

（1）整体式向心滑动轴承的装配

如图3-36所示。

1）装配前，检查机体内径与轴套外径尺寸是否符合规定要求。

2）对两配合件要仔细地倒棱和去除毛刺，并进行清洗。

3）装配前，对配合件要涂润滑油。

4）压入轴承套，过盈量小可用锤子在放好的轴套上，加垫或心棒敲入。如果过盈量较大，可用压力机或拉紧工具压入。用压力机压入时要防止轴套歪斜，压入开始时可用导向环或导向心轴导向。对承受较大负荷的滑动轴承的轴套，还要用紧固螺钉或定位销固定，如图3-37所示。

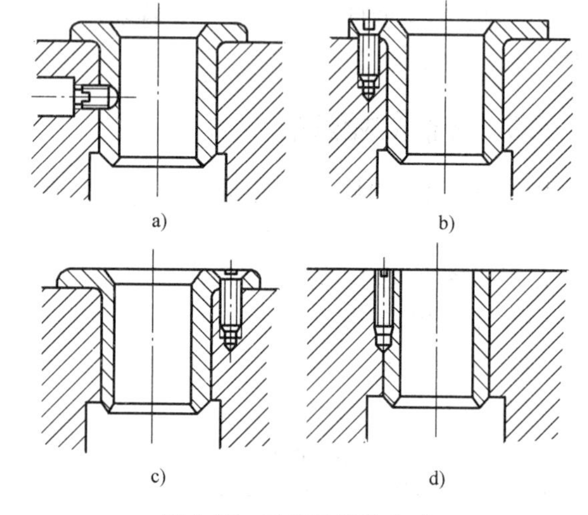

图3-37　轴套的定位方式

5）修整压入后的轴套孔壁，消除装压时产生的内孔变形，如内径缩小、椭圆形、圆锥形等。

6）按规定的技术要求检验轴套内孔：①用内径百分表在孔的两三处相互垂直的方向上检查轴套的圆度误差；②用塞尺检验轴套孔的轴线与轴承体端面的垂直度误差。

7）在水中工作的尼龙轴承，安装前应在水中浸煮约一小时再安装，使其充分吸水膨胀，防止内径严重收缩。

（2）剖分式滑动轴承的装配

如图3-38所示。

1）清理轴承座、轴承盖、上瓦和下瓦的毛刺、飞边。

2）用涂色法检查轴瓦外径与轴承座孔的贴合情况，不贴合或贴合面积较少的，应锉销或刮研至着色均匀。

3）压入轴瓦后，应检查轴瓦剖分面的高低，轴瓦剖分面应比轴承体的剖分面略高出一些，一般略高出0.05～0.1mm。

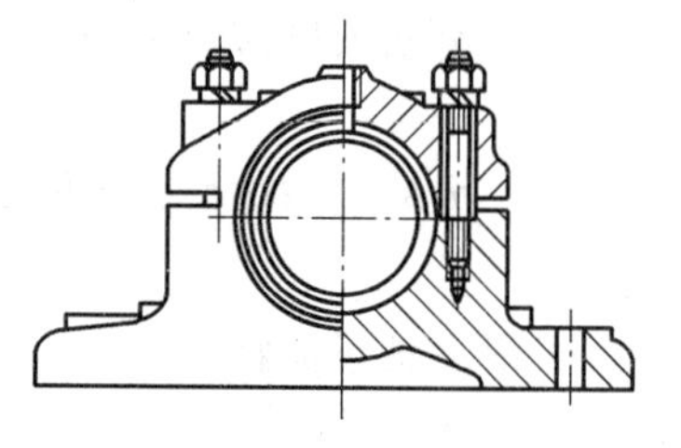
图3-38　剖分式滑动轴承

4）压入轴瓦时，应在对合面上垫木板轻轻锤入。

5）配刮轴瓦。①一般用与其相配合的轴来研点；②通常先刮下瓦（因下瓦承受压力大），后刮上瓦；③刮瓦显点时，最好将显示剂涂在轴瓦上为宜；④在合瓦显点的过程中，螺栓的紧固程度以能转动轴为宜；⑤研点配刮轴瓦至规定间隙及触点为止。

6）装配前，对刮好的瓦应进行仔细地清洗后再重新装入座、盖内。

7）垫好调整垫片，瓦内壁涂润滑油后细心装入配合件，按规定拧紧力矩均匀地拧紧锁紧螺母。

（3）锥形表面滑动轴承的装配

1）内柱外锥式轴承的装配方法及步骤

① 将轴承外套压入箱体孔中，并达到配合要求。

② 修刮轴承外套的内孔（用专用心棒研点），接触点数要达到规定要求。

③ 在轴承上钻削进、出油孔，注意与油槽相接，如图3-39所示。

④ 以外套的内孔为基准，研点配刮内轴套的外锥面，接触点数要达到规定的要求。

⑤ 把主轴承装入外套孔内，并用螺母来调整主轴承的轴向位置。

⑥ 以轴为基准，配刮轴套的内孔，接触点数要达到规定要求。

⑦ 清洗轴套和轴颈，并重新安装和调整间隙，达到规定要求。

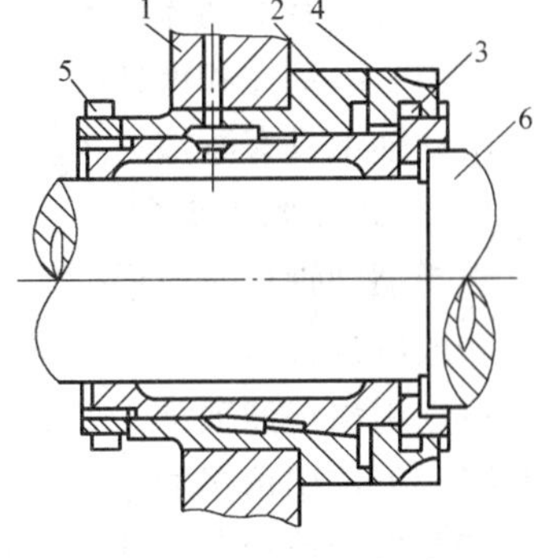

图3-39　内柱外锥式动压轴承
1—箱体　2—主轴承外套　3—主轴承
4、5—螺母　6—主轴

2）内锥外柱式轴承的装配方法。装配方法和步骤与外锥内柱式轴承装配大体相同，不同点是：

① 以相配合的轴为基准，只需研刮内锥孔。

② 由于内孔为锥孔，所以研点时将箱体竖起来，这样轴在研点时能自动定心。

③ 研点时要用力将轴推向轴承，不使轴因自重而下移（这是指箱体不能竖起来而言）。

（4）液体静压润滑轴承的装配

利用外界的油压系统供给一定压力润滑油，将轴颈浮起，使轴与轴颈达到润滑的目的，这种润滑方式称为液体静压润滑。利用这种润滑原理制造的轴承，称为液体静压润滑轴承，如图3-40所示。

液体静压润滑轴承的工作原理：油泵泵出具有一定压力的油液，经过节流器（节流器方式有固定节流和可变节流两种）进入压力腔，把轴颈与轴承分开，即把轴颈悬浮在轴承中间。

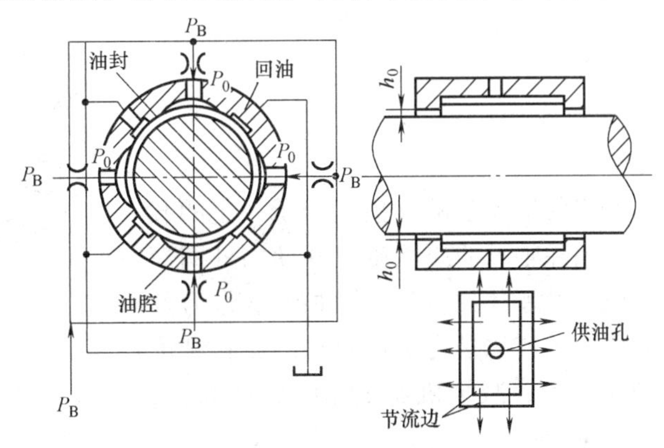

图3-40　静压轴承

静压润滑轴承正常运转与频繁起动时，都不会发生金属之间的直接接触，避免了因接触所造成的磨损；其轴颈的浮起是靠外来油的压力来实现的，因此能在低速下正常工作；其润滑油层具有良好的抗振性能，所以轴的运转平稳；其油膜具有补偿误差的作用，能减少轴与轴本身制造误差的影响，轴的回转精度高；其具有较高的承载能力，能适应于不同载荷的要求。

静压轴承的装配方法应依据轴承的结构形式而定，其步骤如下：

1）装配前，必须将全部零件及油管系统用汽油彻底清洗，不允许用棉纱等织物擦洗，防止纤维物质堵塞节流孔。

2）仔细检查主轴与轴承的间隙，一般双边间隙为0.035～0.04mm为宜。然后将轴承压入壳体中。

3）轴承装入壳体孔后，应保证其前后轴承的同轴度要求和主轴与轴承间隙。

4）试车前，液压供给系统需运行2h，然后清洗过滤器，再接入静压轴承中正式试车。

3.7.2 滚动轴承的装配

工作时，有滚动体在内外圈的滚道上进行滚动摩擦的轴承，叫滚动轴承。滚动轴承由外圈、内圈、滚动体和保持架4部分组成。

滚动轴承具有摩擦力小，工作效率高，轴向尺寸小，装拆方便等优点。

1. 滚动轴承的选择

选择滚动轴承时应根据实际需要，首先满足工作要求，其次考虑成本低与经济性。

一般可按轴承承受载荷的方向、大小等因素选择轴承类型。例如，如果承受纯径向载荷，可选用深沟球轴承。如果承受纯轴向载荷，当转速不高时，可选用推力球轴承；当转速较高时，可选用角接触球轴承。

若要求转速较高，载荷较小，旋转精度高时，宜选用球轴承；要求转速低时，载荷较大或有冲击、振动、要求有较大的支承刚度时，宜选用滚子轴承。但滚子轴承的价格高于球轴承，而且精度愈高，轴承的价格愈高。可据此进行分析，对此，合理地选用滚动轴承。

2. 滚动轴承游隙和预紧

将滚动轴承的一内圈或一外圈固定，另一套圈沿径向或轴向的最大活动量称为滚动轴承的游隙。轴承游隙分为径向和轴向两种，如图3-41所示。沿径向的最大活动量称为径向游隙，沿轴向的最大活动量称为轴向游隙。

轴承所处状态不同，径向游隙有原始游隙、配合游隙和工作游隙三种。

对预紧力较小的滚动轴承的游隙一般用手拨和棒拨感觉方法调整，如图3-42所示。

在安装滚动轴承时预先给予一定的载荷，以消除轴承的原始游隙并使内外圈滚道之间产生弹性变形，这种操作称为预紧。预紧的目的是为了提高轴的旋转精度和使用寿命，减少机器工作时轴的振动，如图3-43所示。

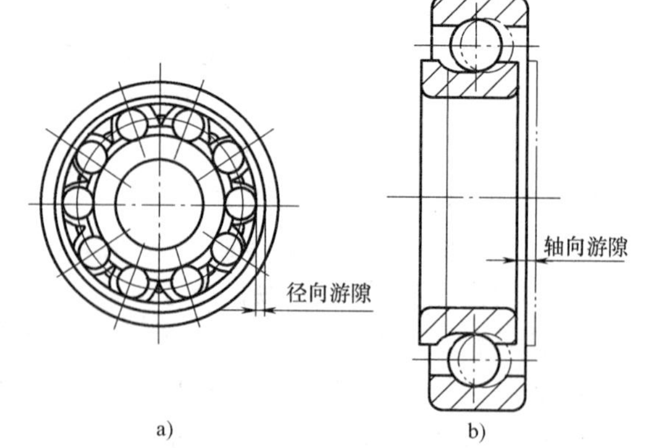

图3-41 轴承游隙
a）径向游隙 b）轴向游隙

实现滚动轴承预紧的方法有径向预紧和轴向预紧两种，具体方法如下：

1）径向预紧：径向预紧是利用圆锥孔内圈在轴上作轴向移动时，使轴承内圈胀大来达到预紧的目的。

2）轴向预紧：轴向预紧是使轴承内外圈作轴向相对移动。具体方法如下：

① 用轴承内、外垫圈厚度差的方法，实现预紧，如图3-44所示。

② 用磨削成对轴承内、外圈的方法，实现预紧，如图3-45所示。

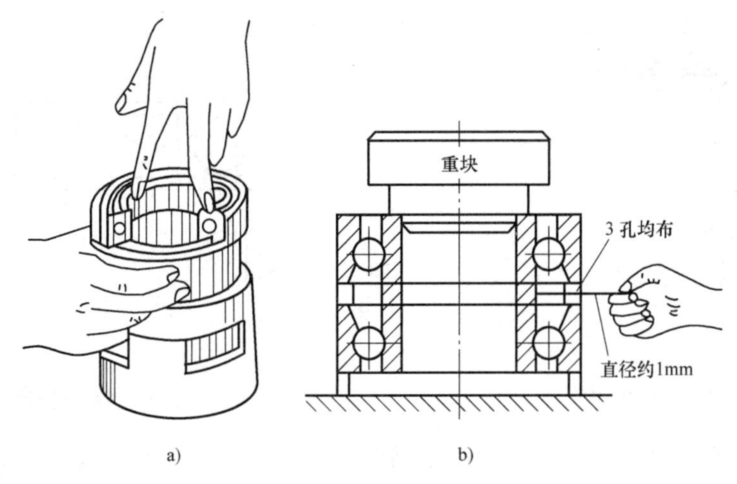

图 3-42　感觉方法调整
a）手拨法　b）棒拨法

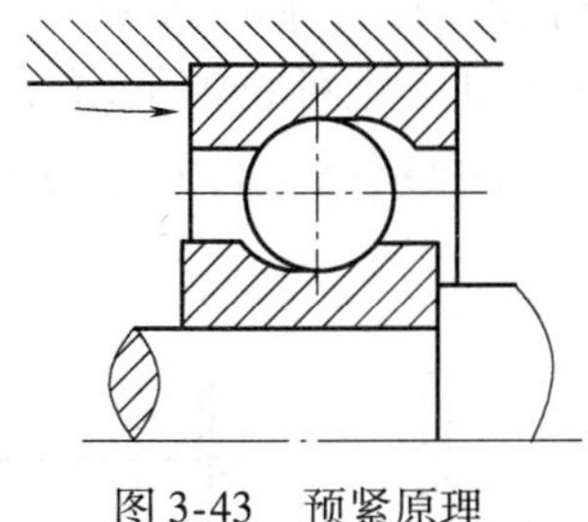

图 3-43　预紧原理

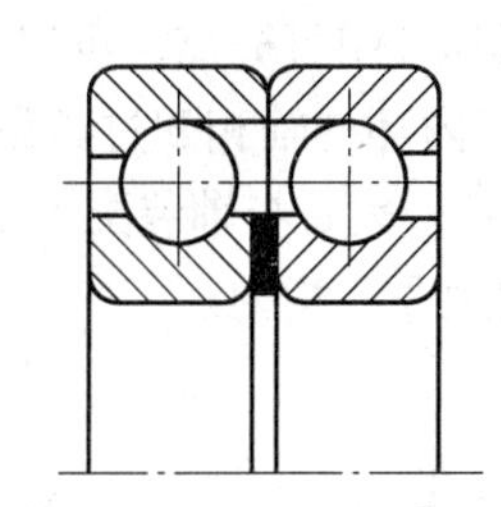

图 3-44　用垫圈预紧的方法

③ 用弹簧预紧的方法，实现预紧，如图 3-46 所示。

不是所有滚动轴承的内外圈都必须轴向固定，因为工作时，轴必然要热胀伸长，因此其中有一个轴承的外圈应该在轴向上留出热胀余地。

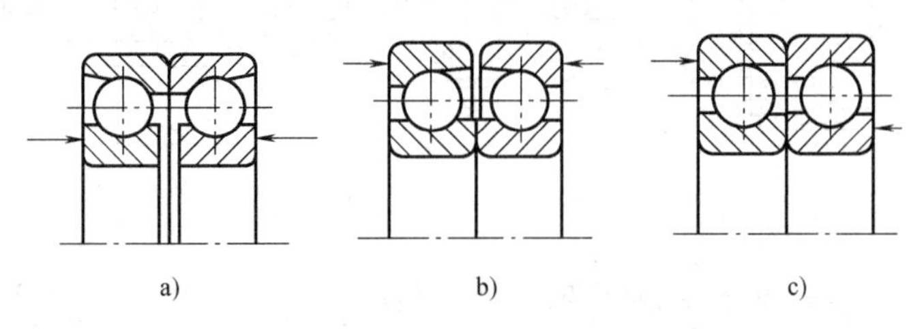

图 3-45　磨削成对轴承内、外圈预紧的方法
a）磨窄内圈　b）磨窄外圈　c）外圈宽、窄相对安装

在检查滚动轴承内圈径向圆跳动量时，轴承外圈固定不动，内圈端面上加以均匀的力 P。使内圈旋转一周以上的同时，用百分表测量内圈内孔表面的径向圆跳动量及其方向，如图3-47 所示。

在检查滚动轴承外圈径向圆跳动量时，轴承内圈固定不动，外圈端面上加以均匀的力 P。使外圈旋转一周以上的同时，用百分表测量外圈外圆表面的径向圆跳动量及其方向，如图 3-48 所示。

3. 滚动轴承的装配方法与步骤

1）装配前应详细检查轴承内孔、轴、外环与外壳孔所配合的实际尺寸是否符合要求。

2）用汽油或煤油，清洗轴承及与其相配合的零件。

3）根据轴承的类型与配合性质，采用不同的方法进行装配：①当轴承内圈与轴紧配，

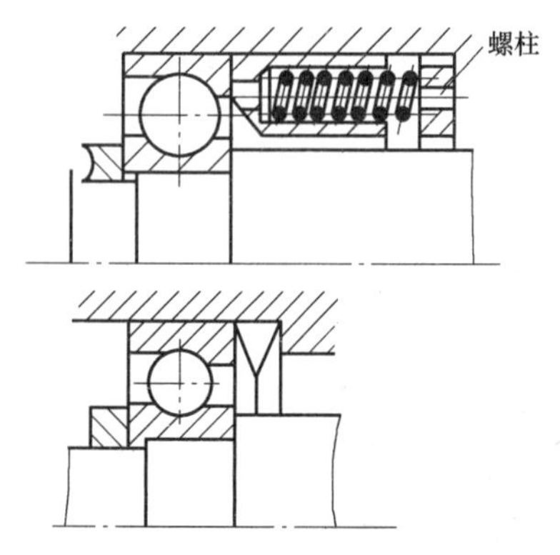

图3-46　弹簧预紧的方法

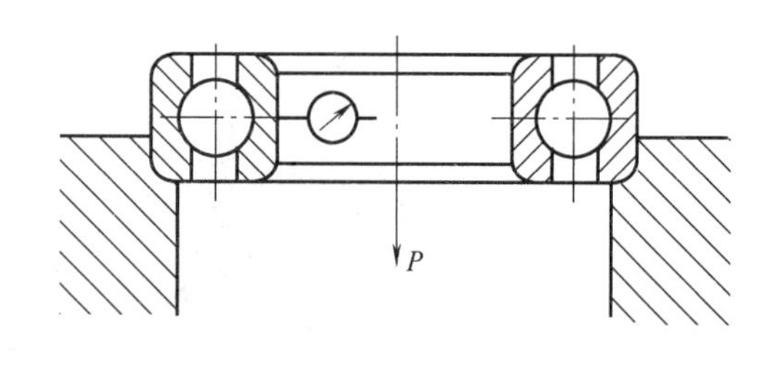

图3-47　轴承内圈径向圆跳动量的检查

而外圈与壳体配合较松时，可先将轴承装在轴上，然后把轴承与轴一起装入壳体中。②当轴承外圈与壳体紧配，而内圈与轴配合较松时，可将轴承先压入壳体中，然后将轴装入。③当轴承内圈与轴，外圈与壳体都是紧密配合时，可把轴承同时压入轴上与壳体中。④对于角接触轴承，因其外圈可分离，可以分别把内圈装入轴上，外圈装在壳体中，然后再调整游隙。

4）轴承内环与轴相配过盈量较大时，除用压力机压入外，还可将轴承内环在油中加热至80～100℃，然后与轴装配，如图3-49所示。过盈量较小可用锤子打入，用锤子打入时，应注意使周边受力均匀。

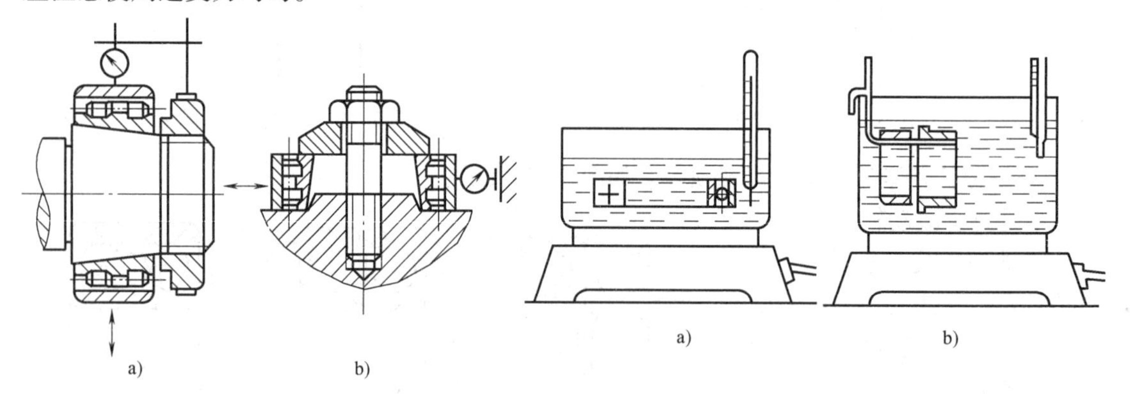

图3-48　轴承外圈径向圆跳动量的检查方法
a）在主轴上测量　b）在工具上测量

图3-49　轴承内环在油中加热

4. 轴承的固定方法

1）两端单向固定方式，如图3-50所示。

2）一端双向固定方式，如图3-51所示。

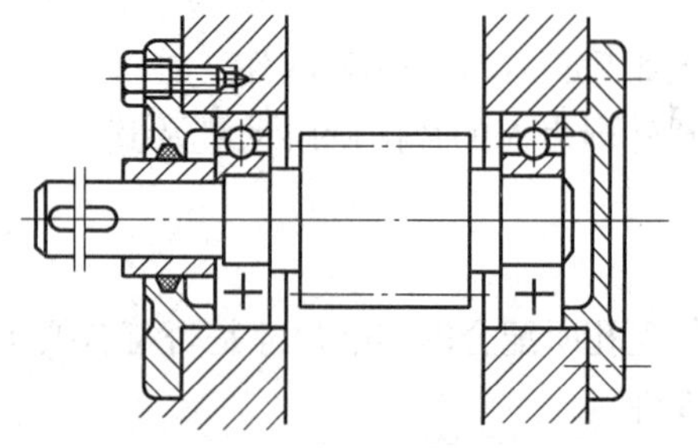

图3-50　两端单向固定方式

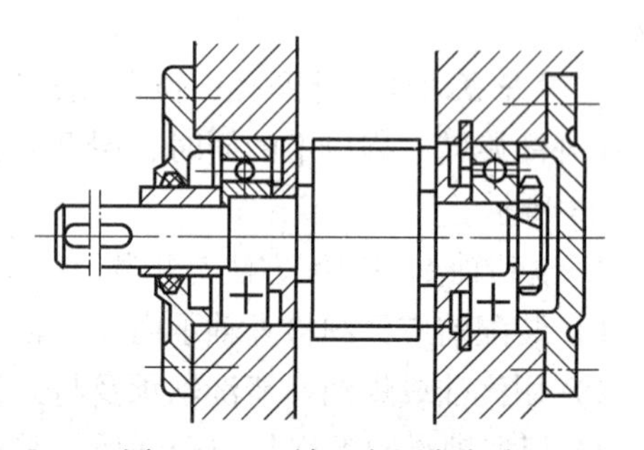

图3-51　一端双向固定方式

5. 滚动轴承装配时的注意事项

1）轴承打印号的端面一般朝外，以便更换时检查号码。

2）装配好的轴承端面，应与轴肩或孔的支承面贴靠，用手转动应无卡阻现象。

3）在装配轴承的过程中，应严格保持清洁，防止杂物进入轴承内。

4）装配好的轴承在运转的过程中应无噪声，工作温度应不超过 50℃。

6. 滚动轴承的密封装置的装配

密封装置的作用是防止润滑油流失和灰尘、杂物，水分等侵入。密封装置分为接触式和非接触式两类。

（1）接触式密封装置

① 毡圈密封装置。结构简单，但磨损较大，用在低速清洁的场合下密封润滑脂，如图 3-52 所示。

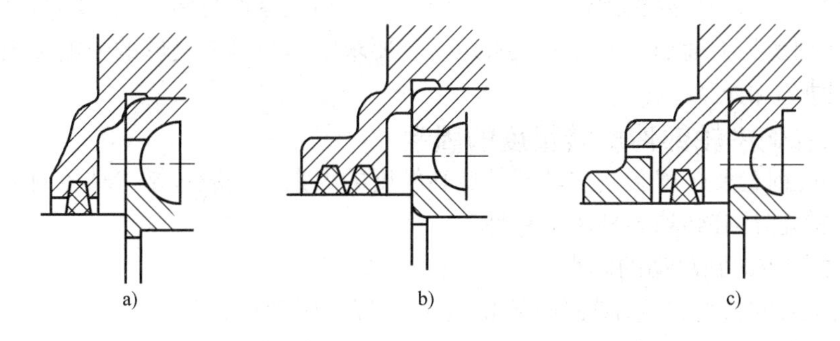

图 3-52　毡圈密封装置

a）单毡封圈　b）双毡封圈　c）毡封圈与曲路密封

② 皮碗式密封装置。安装皮碗式密封装置时应注意与轴接触的密封唇方向。主要用于防止漏油时，密封唇应向着轴承；主要用于防止外界污物侵入时，密封唇应背向轴承。如图 3-53 所示。

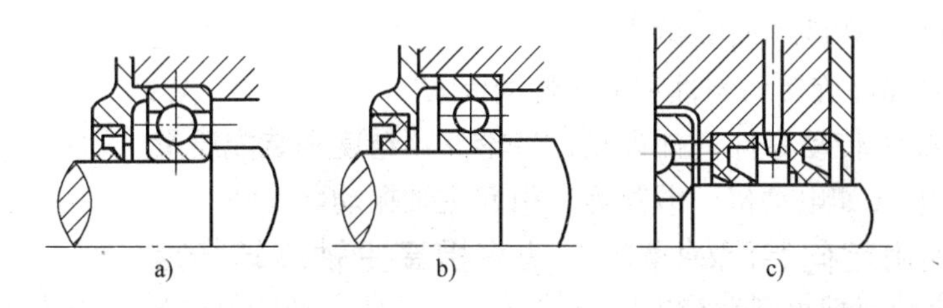

图 3-53　皮碗式密封装置

a）密封唇对着轴承　b）密封唇背对着轴承　c）双皮碗式密封

（2）非接触式密封装置

① 间隙式密封装置。靠轴和轴承盖的孔之间充满润滑脂的微小间隙实现密封，用在清洁不很潮湿的场合，如图 3-54a 所示。开糟后密封效果更好如图 3-54b 所示。

② 迷宫式密封装置。在曲折的窄缝中注满润滑脂，工作时轴的圆周速度越高密封效果好，如图 3-55 所示。其中，径向曲路密封的间隙为 0.2 ~ 0.5mm，轴向曲路密封的间隙为 1 ~ 2.5mm。

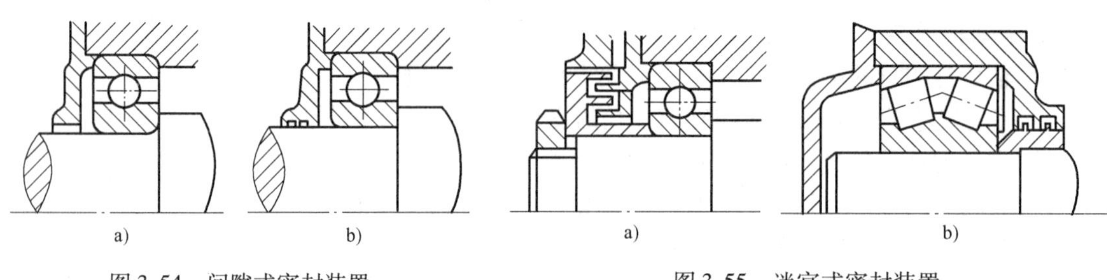

图3-54 间隙式密封装置
a）不开槽 b）开槽

图3-55 迷宫式密封装置
a）径向曲路密封 b）轴向曲路密封

3.8 轴的装配

轴是机械设备中的重要零件，所有带孔的传动零件，如齿轮、带轮、蜗轮等以及一些工作零件如叶轮、活塞等都要装到轴上才能工作。轴、轴上零件与两端支承的组合称为轴组。

为了保证轴及其上面的零部件能正常运转，要求轴本身具有足够的强度和刚度，并必须能满足一定的加工精度要求。

3.8.1 影响主轴部件旋转精度的因素

在轴的装配前，要了解影响主轴部件旋转精度的因素，一般包括主轴径向圆跳动、主轴轴向窜动、主轴部件旋转均匀性和平稳性等。

1. 影响主轴径向圆跳动的因素

1）主轴本身的精度（主轴轴颈同轴度、锥度以及圆度等）。

2）轴承本身的精度（主要是指轴承内滚道表面的圆度）。

3）主轴箱壳体前后轴承孔的同轴度、锥度与圆度。

2. 影响主轴轴向窜动的因素

1）主轴轴颈肩后面的垂直度与径向圆跳动。

2）紧固轴承的螺母、衬套、垫圈等端面圆跳动和平行度。

3）轴承本身的端面圆跳动和轴向窜动。

4）主轴箱壳体孔的端面圆跳动。

3. 影响主轴部件旋转均匀性和平稳性的因素

1）主轴及轴上传动零件（如齿轮、带轮等）精度和装配质量。

2）外界振源（如电动机、锻锤等）引起主轴振动。

3.8.2 利用定向装配轴承的方法来提高主轴旋转精度

在不提高主轴与轴承制造精度的条件下，要提高主轴的旋转精度可事先将主轴与轴承，按轴颈与轴承内圈的实测径向圆跳动量作好标记，然后取径向圆跳动量接近的轴颈与轴承装配，并将各自的偏心部位按相反的方向安装。采用上述定向方法装配，如选配恰当，可以获得很好的效果。

3.8.3 轴的装配

（1）装配前 进行清洗，去除毛刺，并按图样检查轴的精度，如图3-56、图3-57所示。

（2）轴的预装 由于轴类零件一般都要经过高频感应加热淬火等热处理，轴的尺寸和形状，在控制过程中和运输过程中会产生毛刺和磕碰痕迹。所以先要进行修整，可以用条形

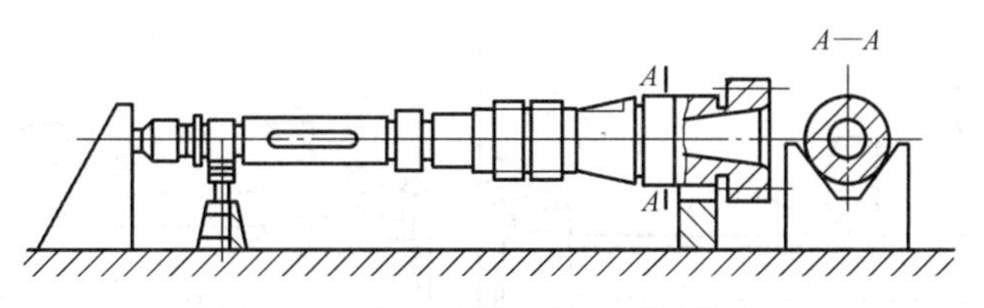

图 3-56　在 V 形架上检查轴的精度

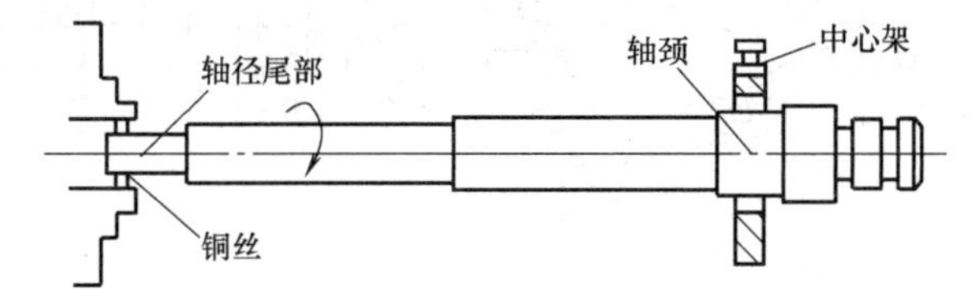

图 3-57　在车床上检查轴的精度

磨石或整形锉将轮和轴的棱边倒角，然后清洗预装。

（3）着色法修正　轮和轴的试装多采用着色法修整。将轮固定于台虎钳上，两手将轴托起，找到一方向使得轴上轮的修复量最小，同时在轮和轴上做相应标记，以免下次试装时变换方向。在轮的键槽上涂色，将轴用锤子轻轻敲入，如图 3-58 所示，退出轴后，根据色斑分布来修整键槽的两肩，反复数次直至合格为止。合适的尺度掌握，能使轴在轮中沿轴向滑动自如，不忽紧忽松；沿径向转动轴时不应感到有间隙，然后清洗。

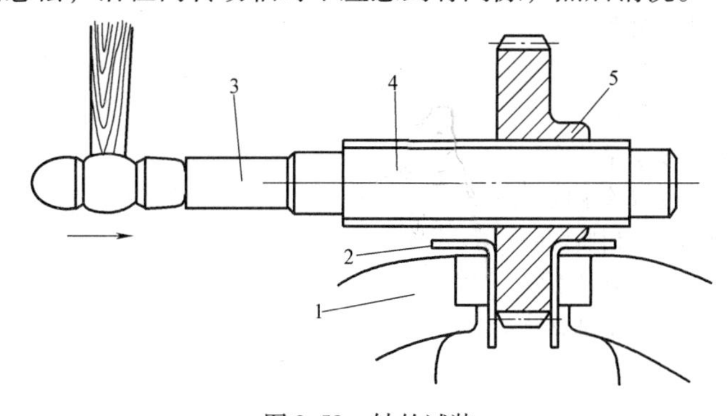

图 3-58　轴的试装

1—台虎钳　2—纯铜钳口　3—纯铜棒　4—花键轴　5—齿轮

（4）装配　如果在齿轮上装有变速用的滑块或拨叉要试装。有的要修整、有的滑块或拨叉还要预先放置好。在装配过程中，如果阻力突然增大，应该立即停止装配，检查一下是否由以下情况造成。

① 轴与轴承开始接触。由于轴与轴承内环之间的过盈配合所造成阻力增大，属正常情况。

② 齿轮键槽和轴的键槽没对正，可用手托起齿轮，以克服齿轮自重并缓慢转动齿轮键槽对正，然后继续装配。

③ 拔叉和滑块的位置不正。这时用手推动或转动滑块，看它动不动，如图 3-59 所示。如果能动，说明不是滑块产生的阻力；如果不能动，则考虑是否由于滑块或拔叉的问题。

（5）装配到位后　到位后扳动手柄，齿轮应滑动自如，手感受力均匀。持锤子的手，应感到锤有很大的回弹力，并发出清脆的回声。再检查轴承内环与轴肩贴合是否紧密，手柄

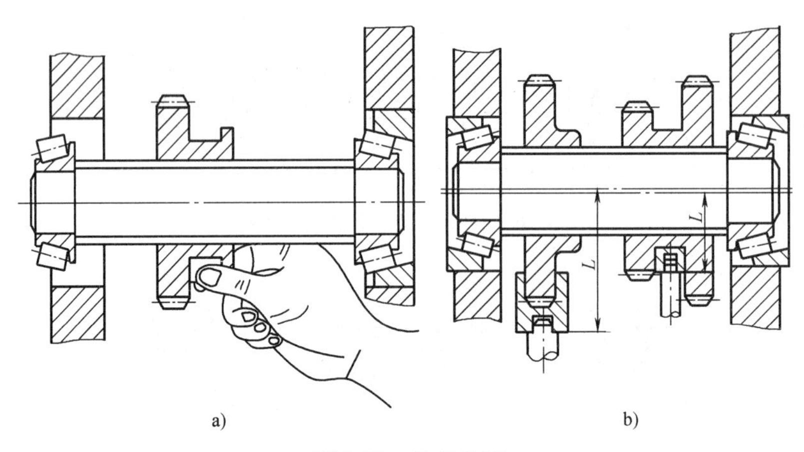

图3-59　轴的装配

的定位，齿轮的啮合是否完全正确等。

由于轴的装配精度直接影响整个机器的质量，所以在装配过程中对各因素都要考虑周密，并且格外细心。

习题与思考题

3-1　装配时常用的工具分为那几类？

3-2　螺纹联接的类型有哪些？

3-3　控制螺纹预紧力的方法有哪些？

3-4　松键联接是如何装配的？

3-5　管道联接的技术要求是什么？

3-6　什么叫热胀配合法和冷缩配合法？

3-7　剖分式滑动轴承是如何装配的？

3-8　滚动轴承装配时应注意什么？

3-9　用什么方法可以提高主轴旋转精度？

第4章 常用部件装调

零件的质量直接影响机械设备的质量。因此要保证机械设备质量的良好，必须有严格的零件、部件的检验制度。应保持不合格的零件不装入到组件中去；不合格的组件不装入到部件或总成中去；不合格的部件或总成不装入到机械中去。机械零件质量应考虑的因素有：

1）材料性能　包括强度、硬度、耐腐蚀、耐老化等性能。

2）加工质量　包括精度、表面粗糙度及形状位置偏差。

3）配合质量　配合必须符合装配标准。特别是对于有相互磨损的动配合，其配合间隙应力争选取间隙范围的下限值，因为对某些配合副来说，例如活塞与气缸壁，0.01mm的磨损量可能相当机械数百小时甚至上千小时的工作寿命，注意这一点意义很大。

4）平衡状况　由于零件的不平衡，会引起附加的动载荷，并引起机械的振动，由此使机器工作状况变化，而且有可能对机械的寿命产生严重的影响。因此，对高速运转的机件，必须认真注意这一点。圆盘类型的零件可只进行静平衡；长度与直径之比接近和大于1时，一般都应进行动平衡。

装配工作必须按一定的程序进行。装配程序一般应遵循以下原则：

1）先装下部零件，后装上部零件。

2）先装内部零件，后装外部零件。

3）先装笨重零件，后装轻巧零件。

4）先装精度要求较高的零件，后装一般性零件。

正确的装配程序是保证装配质量和提高装配工作效率的必要条件。装配时应注意遵守操作要领，即：不得强行用力和猛力敲打，必须在了解结构原理和装配顺序的前提下，按正确的位置和选用适当的工具、设备进行装配。

4.1　带传动机构的装调、修理

带传动是由主动轮、从动轮和传动带所组成，靠带与带轮间的摩擦力来传递运动和动力，是一种常用的机械传动。带传动具有以下特点：

1）工作平稳，噪声小。

2）结构简单，制造容易。

3）过载时自动打滑能起到安全作用。

4）能适应两轴中心距较大的传动。

5）传动比不正确。

6）传动效率低。

7）带的寿命短等。

带传动可分为平型带传动、V带传动、圆形带传动和同步带传动等。其中V带传动应用较多。

4.1.1　V带轮的安装方法和要求

1）装配前对轴的键槽和孔的键槽进行修配，除去安装面上的污物并涂润滑油。

2）采用圆锥轴轴头配合的带轮装配，只要先将键装到轴上的键槽里，然后将带轮孔的键槽对准轴上的键套入，在端部拧紧轴向固定螺母和垫圈即可。

3）圆柱形轴头上可用平键、花键、斜键、轴肩、挡圈、垫圈及螺母等固定，对于直轴配合的带轮，装配前将键装在轴的键槽上，用木锤或螺旋压力机等工具，将带轮徐徐压到轴上，如图4-1所示。

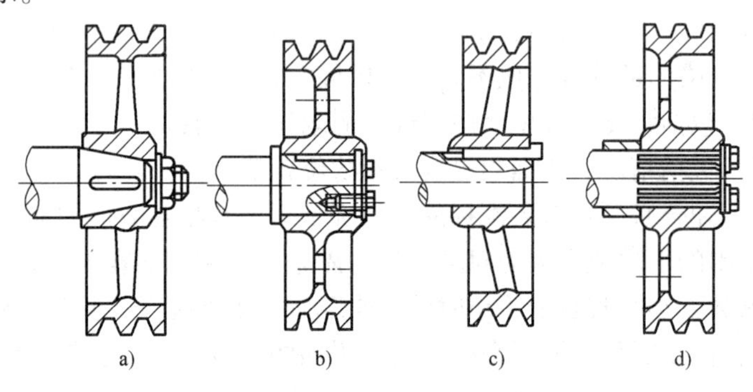

图4-1　带轮与轴的装配

a）圆锥轴颈用螺母固定　b）圆柱轴颈、轴肩、挡圈用螺钉固定　c）圆柱轴颈用楔键联接　d）圆柱轴颈、隔套、花键、挡圈用螺钉固定

4）带轮工作表面的表面粗糙度过细，加工费用高且容易打滑；过粗则会加快带的磨损。一般选 R_a3.2μm。

5）对有内套的带轮用压力机装配，装配带轮时，先将内套或滚动轴承压在轮孔中，然后靠近过盈面，且通过轴心，装配时不要敲击轮边，如图4-2所示。

6）带轮装在轴上后，检查带轮在轴上安装的正确性，即用划线盘或百分表检查带轮的径向圆跳动和端面圆跳动误差是否在规定值的范围内。通常径向圆跳动量为0.0025～0.005D，端面圆跳动量为0.0005～0.001D，D指带轮的大径，如图4-3所示。

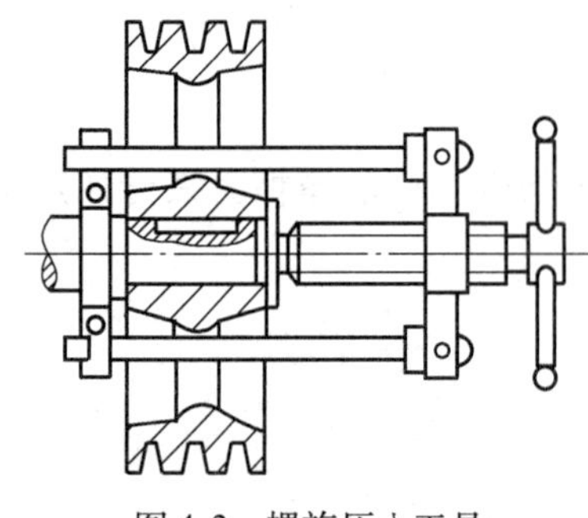

图4-2　螺旋压入工具

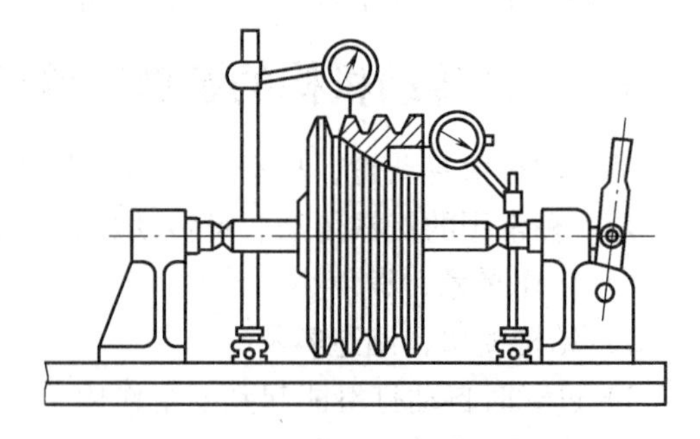

图4-3　带轮的径向圆跳动和端面圆跳动误差的检查方法

7）检查一组带轮相互位置正确性，如图 4-4 所示。具体方法是：当两轮中心距在 1000mm 以下，可以用直尺紧靠在大带轮端面上，检查小带轮端面与直尺的距离。当两轮中心距大于 1000mm 时，用测线法来进行找正。方法是把测线的一端系在大带轮的端面处；然后拉紧测线，小心地贴住带轮的端面。当它接触到大带轮端面上的点时，停止移动测线，再测量小带轮的距离。

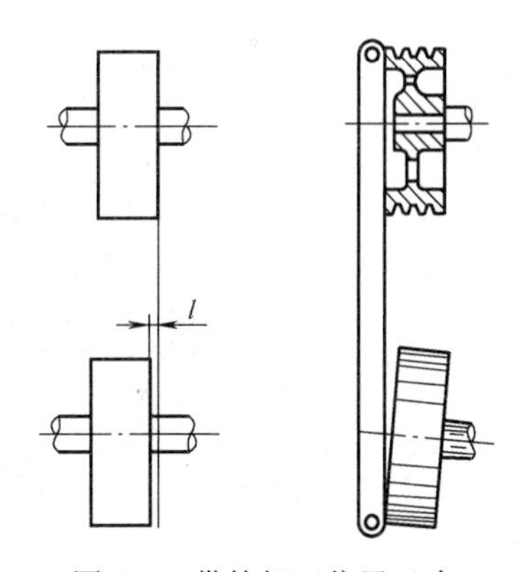

图 4-4　带轮相互位置正确性的检查

4.1.2　安装 V 传动带的方法及注意事项

（1）安装 V 传动带的方法

1）先将传动带套在小带轮槽中。

2）再转动大带轮，并用螺钉旋具将带拨入大带轮槽中。

（2）安装 V 传动带的注意事项

1）V 带在槽中的位置应正确。

2）传动带不宜受阳光曝晒。

3）防止矿物质、酸、碱等与传动带接触。

4）传动带的张紧力要适当，一般用手感法或者测力法来控制。

5）传动带在小带轮上的包角不能小于 120°。

4.1.3　带传动机构的常见故障及修理

带传动机构常见的故障有轴颈弯曲、带轮槽磨损、带拉长或者撕裂、带轮孔与轴配合松动、带轮崩裂等。

（1）轴颈弯曲　一般用百分表检查轴颈的圆跳动情况，当超过允许误差时，要对轴颈弯曲进行矫正。矫正后，仍然不满足误差要求的要及时进行更换。

（2）带轮槽磨损　带轮糟磨损过大时，在能够保证足够动力的条件下，可以修整带轮槽，换大一号的带继续使用。实在不行就要更换带轮。

（3）带拉长或者撕裂　带在正常范围内拉长，一般采用调节中心距或者调节张紧轮的方法解决。当超过正常的拉伸量时，要及时更换一组传动带。

4.2　链传动机构的装调、修理

链传动是由主动链轮、从动链轮、套在两个链轮上的链条和机架组成的。工作时，主动链轮转动，依靠链条的链节和链轮齿的啮合将运动和动力传递给从动链轮。

链条按用途的不同，可分为传动链、曳引链和输送链。常用机械设备中传递动力的传动链主要有滚子链（如图 4-5 所示）和齿形链（如图 4-6 所示）两种。

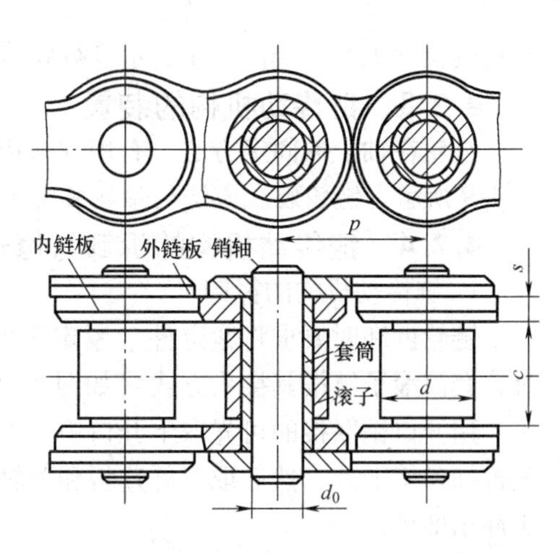

图 4-5　滚子链

4.2.1　链传动机构装配的主要技术要求

1）链轮两轴线的平行度误差应在允许的范围内。

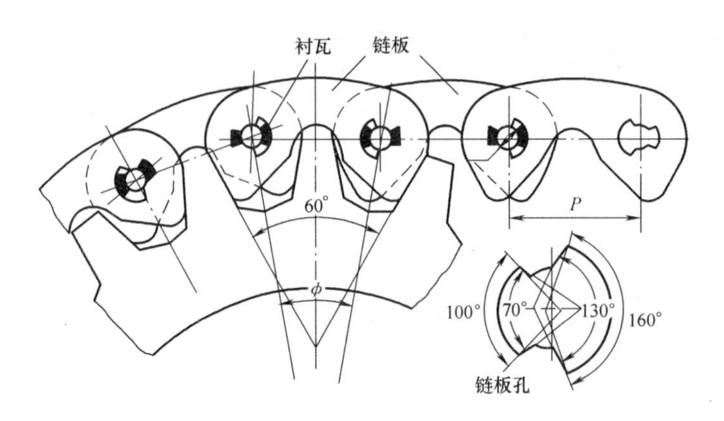

图4-6　齿形链

2）链轮之间的轴向偏移量必须在规定的范围内。一般当中心距小于500mm时，允许偏移量 a 为1mm；当中心距大于500mm时，允许偏移量 a 为2mm。

3）链轮在轴上固定之后，径向和端面圆跳动误差必须符合要求。

4）链的下垂度应适当，一般下垂度为两轮中心距的20%，如图4-7所示。

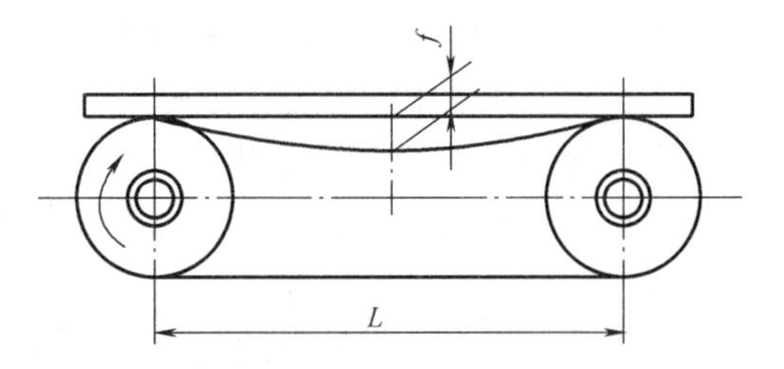

图4-7　链的下垂度的检查方法

4.2.2　链条两端装配的联接方式及适用场合

（1）开口销联接　适用于链节数为偶数的大节距链条。

（2）弹簧卡片联接　适用于链节数为偶数的小节距链条。用弹簧卡片，将活动销轴固定时，必须使其开口端的方向与链的速度方向相反，以免在运转中受到撞碰而脱落。

（3）过渡链节联接　适用于链节数为奇数的链条。这种过渡链节的柔性较好，具有缓冲和吸振作用，但这种链板会受到附加的弯曲作用，所以应尽量避免使用奇数链节。

（4）链条两端的接合　如两轴中心距可调节且链轮在轴端时，可以预先接好，再装到链轮上。如果结构不允许链条预先将接头联好时，则必须先将链条套在链轮上，以后再利用专用的拉紧工具，如图4-8所示进行联接。

4.2.3　链传动机构的装置

链轮在轴上的固定方法，有用键联接后，再用紧定螺钉固定；有用圆锥销固定联接，如图4-9所示。链轮装配方法与带轮装配方法基本相同。

4.2.4　链传动机构的拆卸与修理

1. 链传动机构的拆卸

链轮拆卸时要求将紧定件（紧定螺钉、圆锥销等）取下，即可拆卸掉链轮。拆卸链条时，套筒滚子链按其接头方式（如图4-10所示）不同进行拆卸销。

用开口销联接的可先取下开口销、外连板和销轴即可将链条拆卸；用弹簧卡片联接的应先拆卸弹簧卡片，然后取下外连板和两轴即可；对于销轴采用铆合形式的，用小于销轴的冲头冲出即可。

2. 链传动机构的常见故障及修理

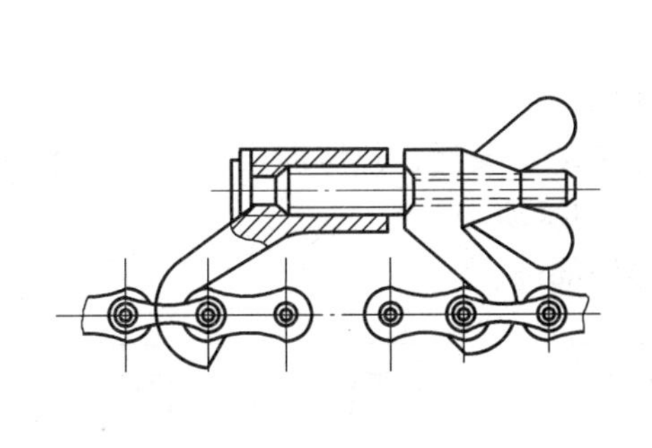

图 4-8　链条专用的拉紧工具

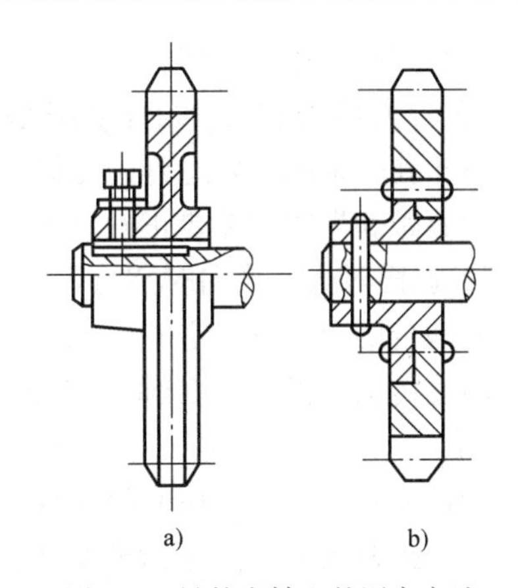

图 4-9　链轮在轴上的固定方法

a）键联接后，用紧定螺钉固定　b）圆锥销固定联接

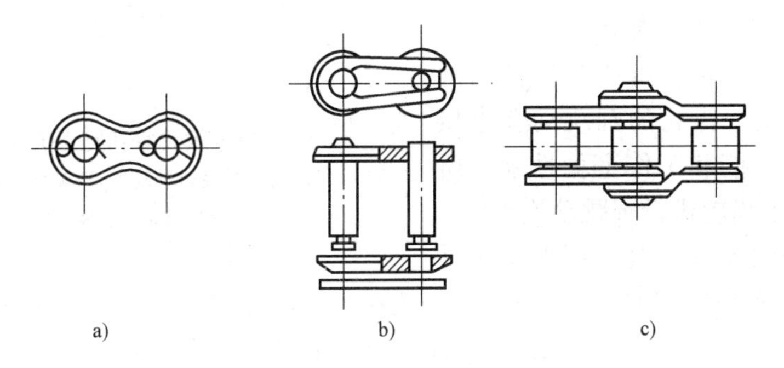

图 4-10　套筒滚子链接头方式

链传动机构常见的故障现象有链被拉长，链条和链轮磨损，链节断裂等。常用的修理方法如下：

1）对于链被拉长的现象，键轮中心距可调节时，采用调节中心距使链条拉紧；链轮中心距不可调节时，可以采取装张紧轮使链条拉紧。

2）链条和链轮磨损、链节断裂的情况，可采用更换个别链节予以修复；磨损过于严重时应更换链轮、链条。

4.3　齿轮传动机构的装调、修理

齿轮传动用于传递任意两轴间的运动和动力，是现代机械中应用最广的一种机械传动。

其优点是传递功率大、速度范围广、效率高、结构紧凑、工作可靠、寿命长、传动准确可靠，且能实现恒定的传动比；其缺点是传动噪声大，传动平稳性比带传动差，制造和安装精度要求高、成本高，且不宜用于中心距较大的传动。

齿轮传动一般分为圆柱齿轮传动、锥齿轮传动、齿条传动。

4.3.1　齿轮的制造精度

齿轮的制造精度包括以下几方面：

1）接触精度是指齿轮传动中的齿面接触斑点和接触位置情况。

2）运动精度是指齿轮在转动一周中最大转角误差。

3）工作平稳性是指瞬间的传动比变化。

4）齿侧间隙是指相互啮合的一对齿轮在非工作齿面所留出的一定间隙。

4.3.2　齿轮传动机构的装配要求

1）齿轮孔与轴配合要适当，无偏心或歪斜等现象。

2）中心距和齿间侧隙要正确。侧隙过小，齿轮传动不灵活，热胀时会卡齿，从而加剧齿面磨损；侧隙过大，换向时空行程大，易产生冲击和振动。

3）相啮合的两齿有一定的接触面积和正确的接触部位。

4）高速传动的齿轮，在轴上装配后应作平衡试验。

5）滑移齿轮不应有啃住或阻滞现象。

6）在变换机构中应保证齿轮准确的定位，其错位量不得超过规定值。

齿轮装在轴上常会出现偏心、歪斜和端面未紧贴轴肩等误差，如图4-11所示。这时当轴旋转时，齿轮就可能产生径向圆跳动或端面圆跳动。齿轮的圆跳动会直接影响机器的转动性能和工作平稳性能，所以要对装在轴上的齿轮进行圆跳动检查。

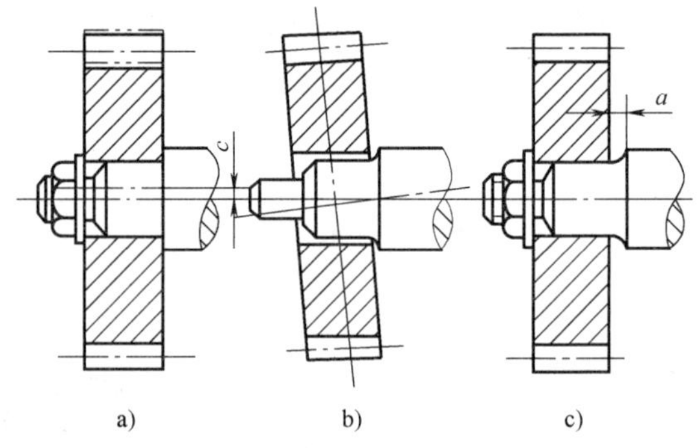

图4-11　齿轮装在轴上的安装误差

a）径向圆跳动误差　b）端面圆跳动误差

c）端面未紧贴轴肩

径向圆跳动的检查一般采用将齿轮轴支持在等高的V形架或两顶尖上，把圆柱规放在齿轮的轮齿间，并将百分表的测头抵在圆柱规上测得一个读数，再将齿轮转动，每隔3~4个齿重复进行一次检查，百分表最大与最小读数之差就是齿轮的径向圆跳动误差。

端面圆跳动的检查方法是用顶尖将轴顶起，将百分表的测头抵在齿轮的端面上，转动轴就可以测出齿轮端面圆跳动误差。

如果齿轮与轴为锥面结合的，装配前，用涂色法检查内外锥面的接触情况，贴合不良的可用三角刮刀对齿轮内孔进行修正；装配后，轴端与齿轮端面应有一定的间隙，如图4-12所示。

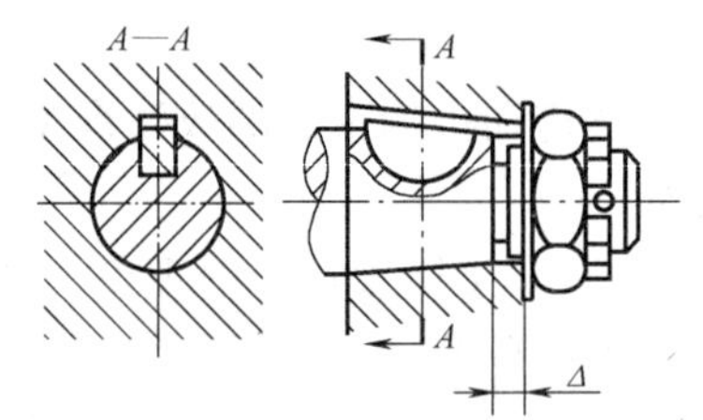

图4-12　齿轮与轴为锥面结合

4.3.3　圆柱齿轮的装配

装配圆柱齿轮传动机构时，一般是先把齿轮装在轴上，再把齿轮轴部件装入箱体中。

1. 装配前的检查

检查齿轮表面质量，齿轮表面毛刺是否清除干净，倒角是否良好，测量齿轮内孔与轴的配合是否适当，键与键槽的配合是否适当。

2. 装配后用涂色法检查齿轮的啮合情况

检查时转动主动轮，从动轮加载使其轻微制动。双向工作的齿轮正反方向都应进行检查。轮齿正常接触印痕应在齿面中部。如果接触部位偏上，表明中心距偏大；接触部位偏下，表明中心距偏小；接触部位偏在一端，表明中心距歪斜，如图4-13所示。

出现以上状况必须进行调整。调整修正接触部位时，可采用齿轮相互研磨的方法。如果是齿轮轴孔的中心距不对和歪斜，则应进行修正。

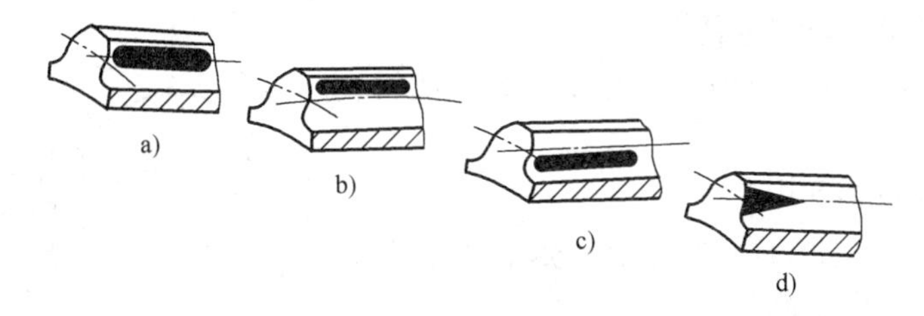

图 4-13　齿轮的啮合情况

a）正确的　b）中心距偏大　c）中心距偏小　d）中心距歪斜

侧隙的检查方法，如图 4-14 所示。

3. 齿轮在轴上的结合方法

齿轮在轴上的结合方法有空转、滑移或固定联接等。常见的几种结合方法，如图 4-15 所示。

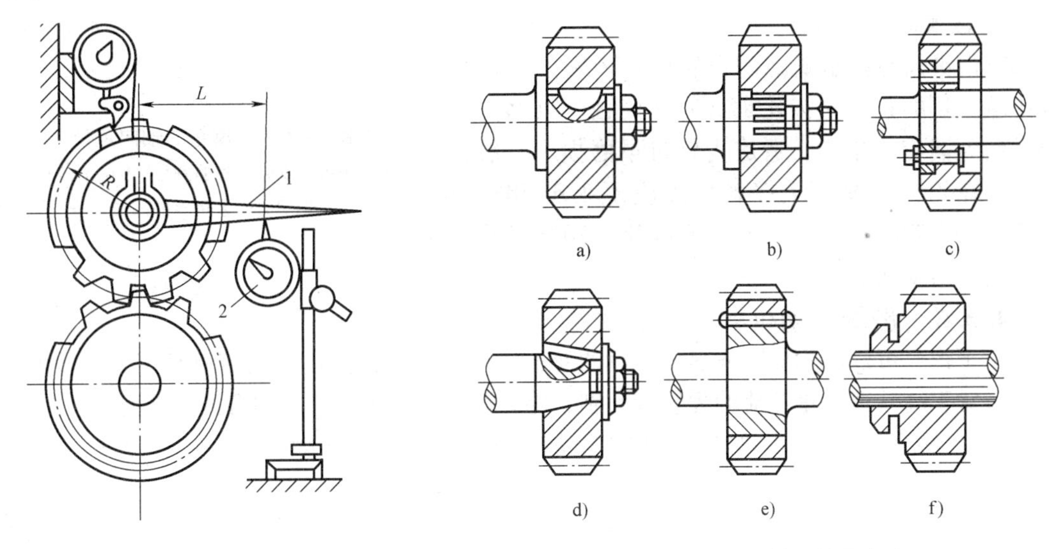

图 4-14　侧隙的检查

1—夹紧杆　2—百分表

图 4-15　齿轮在轴上结合方法

在轴上空转或滑移的齿轮，与轴为间隙配合，装配后的精度主要取决于零件本身的加工精度。这类齿轮的装配比较方便，装配后，齿轮在轴上不得有晃动现象。

在轴上固定的齿轮，通常与轴为过渡配合或少量过盈的配合，装配时需加一定外力。在装配过程中要避免齿轮歪斜和产生形变等。若装配的过盈量较小，可用手工工具敲击压装，过盈量较大的，可用压力机压装或采用热装法进行装配。

4. 将齿轮轴部件装入箱体

这是一个极为重要的工序。装配方法应该根据轴在箱体中的结构特点而定。为了保证质量，装配前应检验箱体的主要部件是否达到规定的技术要求。检验内容主要有：孔和平面的尺寸精度及几何形状精度；孔和平面的表面粗糙度及外观质量；孔和平面的相互位置精度。

5. 非剖分式箱体内的齿轮安装

对于安装在非剖分式箱体内的传动齿轮，若齿轮先装在轴上后，不能安装进箱体时，齿轮与轴的装配应在装入箱体的过程中同时进行的。

4.3.4　直齿锥齿轮的装配

装配直齿锥齿轮传动机构的顺序与装配圆柱齿轮相似。

装配时还应做到以下几点：

1）应保证两个节锥的顶点重合在一起，安装孔的交角一定要达到图样要求。

2）装配时要适当调整轴向位置，以保证得到正确的齿侧隙，如图4-16所示。

3）检验箱体上两孔轴线的垂直度误差。

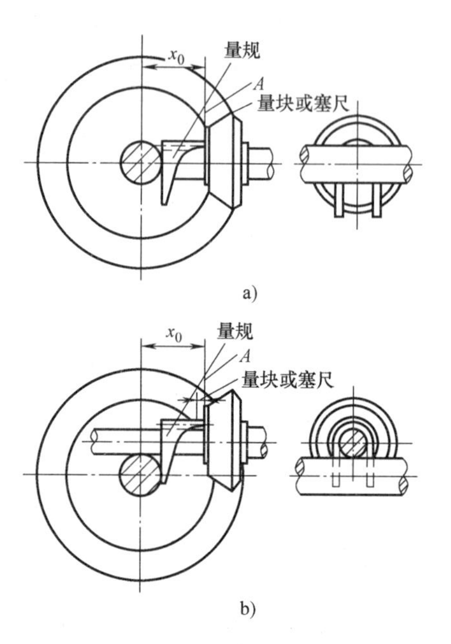

图4-16　小齿轮的轴向定位
a）小齿轮安装距离的测量　b）小齿轮偏置时安装距离的测量

4.3.5　直齿锥齿轮装配后的检查

1. 侧隙的检查方法和圆柱齿轮基本相同，如图4-14所示。

2. 接触斑点的检查

直齿锥齿轮接触斑点的位置应在齿宽的中部稍偏小端。目的是防止齿轮重载时，接触斑点移向大端，使大端应力集中，造成齿轮过早磨损。一般情况下，在轮齿的高度上接触斑点应不小于30%～50%；在齿轮的宽度上应不小于40%～70%（具体随齿轮的精度而定）。

4.3.6　齿轮传动机构装配后的跑合及方法

由于跑合可以消除加工或热处理后的变形，能进一步提高齿轮的接触精度并减少噪声。因此，对于高转速、重载荷的齿轮传动副，跑合就显得更为重要。跑合的方法有：

（1）加载跑合　在齿轮副的输出轴上加一力矩，使齿轮接触表面相互磨合（需要时加磨料）。用这种方法跑合需要时间较长。

（2）电火花跑合　在接触区域内通过脉冲放电，把先接触的部分金属去掉，以后使接触面积扩大，达到要求的接触精度。

注意：无论是用哪一种方法跑合，跑合合格后，应将箱体进行彻底清洗，以防磨料、铁屑等杂质残留在轴承等处。对于个别齿轮传动副，若跑合时间太长，还需进一步重新调整间隙。

4.3.7　齿轮传动机构的修理

齿轮传动过程中，在载荷的作用下，如果轮齿发生折断，齿面损坏等现象，使轮齿失去正常的工作能力，这种情况称为失效。由于齿轮传动的工作条件和应用范围各不相同，失效的原因有很多，主要都发生在轮齿上，常见的轮齿失效形式有：齿面磨损、齿面点蚀、齿面胶合、轮齿折断、齿面塑性变形等。

如果是小齿轮与大齿轮啮合，一般是小齿轮磨损快，发现磨损后应及时更换小齿轮，以免加速大齿轮的磨损。同时应该提高小齿面硬度，减小表面粗糙度，改善润滑条件，加大模数，尽可能用闭式齿轮传动结构代替开式齿轮传动结构；

齿面点蚀主要发生在闭式传动中的软齿面的齿轮上，是闭式传动的主要失效形式；

出现齿面胶合现象时，要更换大小齿轮，并且要提高齿面硬度，减小表面粗糙度，采用粘度大和抗胶合性能好的润滑油；

齿轮磨损严重或轮齿断裂时，一般应更换新的齿轮。新的齿轮要选择适当的模数和齿宽，采用合适的材料及热处理方法，减小表面粗糙度，降低齿根弯曲应力；

对于大模数，低速运转的齿轮，个别齿轮断裂时，可用镶齿或更换轮缘的方法进行修复；

锥齿轮使用一段时间后，会因轮齿和调整垫圈磨损而造成侧隙加大，应及时进行调整。调整时，将两个锥齿轮沿轴向移动，使侧隙减小，调整后，再选配垫圈的厚度来固定两齿轮的位置。

4.4　蜗杆传动的装调、修理

蜗杆传动主要由蜗杆和蜗轮组成。它用于传递交错轴之间的回转运动和动力，通常轴交角 $\Sigma=90°$，一般用于减速传动，蜗杆为主动件。

蜗杆传动按照蜗杆的外形可分为：圆柱蜗杆传动、圆面蜗杆传动和锥面蜗杆传动。

蜗杆传动的特点如下：

1）传动比大，结构紧凑。用于传递动力时，一般 $i=8\sim80$，用于传递运动时，i 可达 1000。

2）传动平稳，无噪声。因为蜗杆与蜗轮齿的啮合是连续的，同时啮合的齿数较多所以平稳性好。

3）当蜗杆的螺旋角小于轮齿间的当量摩擦角时，蜗杆传动能自锁，即只能由蜗杆带动蜗轮，而不能由蜗轮带动蜗杆。

4）传动效率低。因为在传动中摩擦损失大，其效率一般为 $\eta=0.7\sim0.8$，具有自锁性传动时效率 $\eta=0.4\sim0.5$。故不适于传递大功率和长期连续工作。

5）为了减少摩擦，蜗轮常用贵重的减摩材料（如青铜）制造，成本较高。

基于以上特点，蜗杆传动目前广泛应用于各种机器和仪表中，传递功率最大可达 200kW，但一般都在 50kW 以下。

4.4.1　蜗杆传动机构装配的技术要求

（1）运动精度　主要是限制齿圈的径向圆跳动。

（2）接触精度　保证蜗杆轴心线与蜗轮轴心线相互垂直，蜗杆的轴心线应在蜗轮的中间平面内，要具有正确的啮合中心距。

（3）啮合侧隙　按国家标准 GB/T 10089—1988 中规定蜗杆传动的侧隙共分八种：a、b、c、d、e、f、g 和 h。最小法向侧隙值以 a 为最大，其他依次减小，一直到 h 为零。选择时应根据工作条件和使用要求合理选用传动的侧隙种类。

（4）啮合接触面　蜗杆传动副的接触斑点要符合规定要求。一般正确的接触斑点位置，应在中部稍偏蜗杆旋出方向。

4.4.2　蜗杆传动机构的装配

按其结构不同，有的先装蜗轮，后装蜗杆，有的则相反。一般情况下先装配蜗轮，具体步骤如下：

1）将蜗轮齿圈 1 压装在轮毂 2 上并用螺钉加以固定，如图 4-17 所示。

2）将蜗轮装在轴上，其安装及检验方法与圆柱齿轮相同。

3）把蜗杆装入箱体，一般蜗杆轴心线的位置是由箱体安装孔所确定的。然后再将蜗轮轴装入箱体，蜗轮的轴向位置可通过改变调整垫圈厚度或其他方式进行调整，使蜗杆轴线位于蜗轮轮齿的中间平面内。

装配蜗杆传动过程中，可能产生的三种误差：一是两轴线不是异面90°；二是两轴心距和安装中心距不等；三是不对称，如图4-18所示。

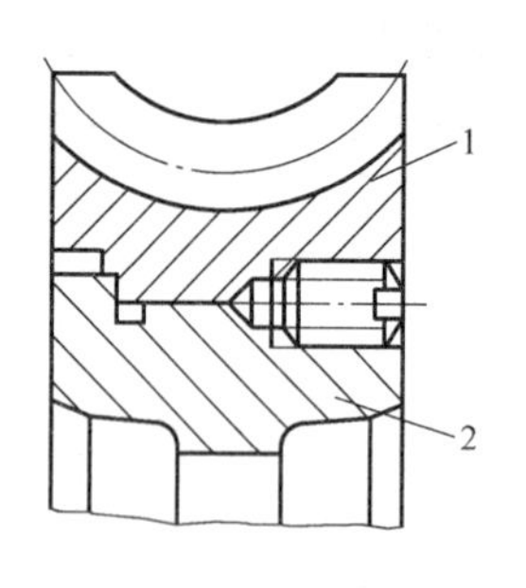

图4-17　组合式蜗轮
1—齿圈　2—轮毂

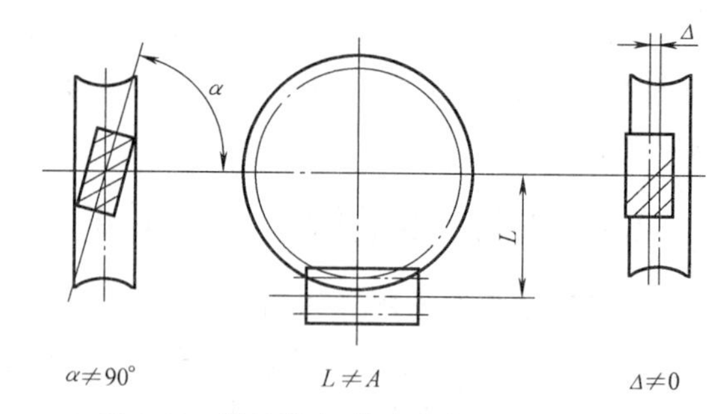

图4-18　装配蜗杆传动中产生的三种误差

注意：为了确保蜗杆传动机构的装配要求，装配前，先要对蜗杆孔轴线与蜗轮孔轴线中心距误差和垂直度进行检查，即对蜗杆箱体的检验，如图4-19、图4-20所示。

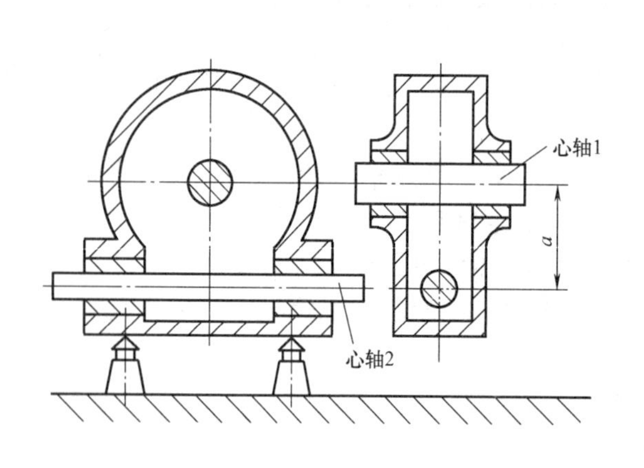

图4-19　蜗杆箱体的中心距检验

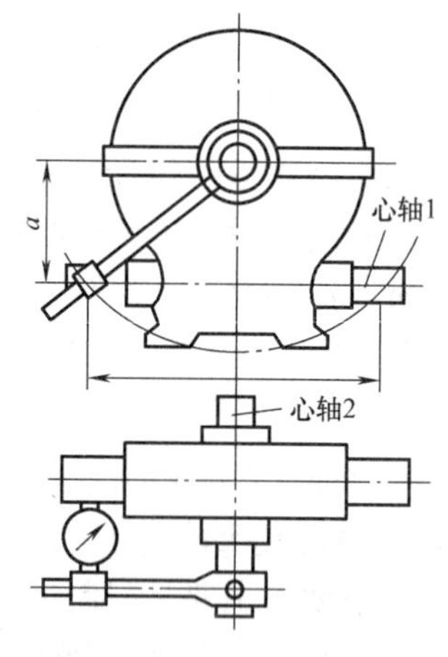

图4-20　蜗杆箱体的轴心线垂直度检验

4.4.3　蜗杆传动机构装配后的检查

安装好蜗杆传动机构后，还要进行三个方面的检查

1. 蜗轮的轴向位置及接触斑点的检查

涂色检验法，先将红丹涂在蜗杆的蜗旋面上，并转动蜗杆，即可在蜗轮轮齿上获得接触斑点。如果接触正确，其接触斑点应在蜗轮中部稍偏于蜗杆旋出方向，如图4-21所示。

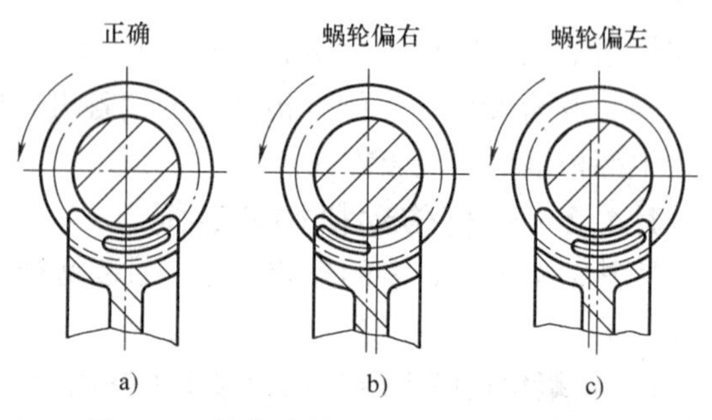

图4-21　涂色法检验蜗轮齿面接触斑点

注意：图4-21b、c表示蜗轮轴向下位置不对，应配磨垫片来调整蜗轮的轴向

位置。

2. 齿侧间隙检验

根据蜗杆传动机构的结构特点，一般要用百分表测量，如图4-22所示，在蜗杆轴上固定一带量角器的刻度尺2，百分表测头抵在蜗轮齿面上，用手转动蜗杆，在百分表指针不动的条件下，用刻度盘相对固定指针1的最大转角判断侧隙大小。如用百分表直接与蜗轮面接触有困难时，可在蜗轮轴上装一测量杆3，如图4-22所示。对于不重要的蜗杆机构，也可以用手转动蜗杆，根据空程量的大小判断侧隙的大小。

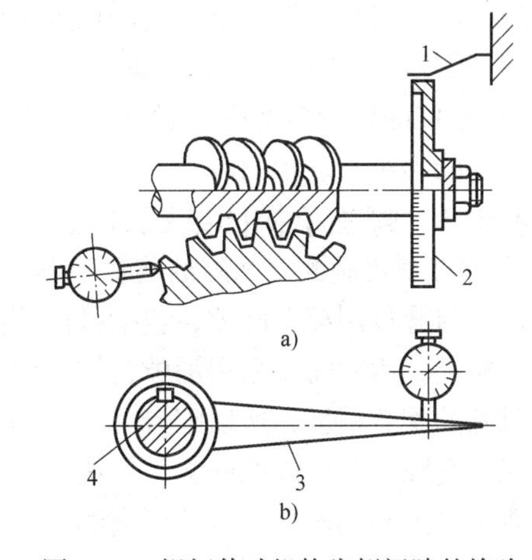

图4-22　蜗杆传动机构齿侧间隙的检验
1—固定指针　2—刻度尺　3—测量杆　4—蜗轮轴

3. 其他

装配蜗杆传动机构，还要检查它的转动灵活性，要保证蜗轮在任何位置上，用手旋转蜗杆所需要的转矩均应相同，没有咬住现象。

4.4.4　蜗杆传动机构的修理

蜗杆传动机构常见的失效形式和齿轮传动机构类似，也有：轮齿折断、齿面点蚀、齿面胶合、齿面磨损、齿面塑性变形等。但是因为蜗杆传动的重要特点是齿面滑动速度较大、发热量大、磨损较为严重。蜗杆传动有开式传动和闭式传动之分。

（1）开式传动　开式传动的失效形式主要是由于润滑不良或润滑油不清洁造成的磨损严重。蜗杆磨损严重时，一般应更换新的蜗杆。新的蜗杆要选择合适的材料及热处理方法，减小表面粗糙度，降低齿根弯曲应力。如果是蜗轮磨损严重时，一般应更换新的蜗轮齿圈。

（2）闭式传动　闭式传动的失效形式主要是齿面胶合，这类情况需要更换蜗杆和蜗轮齿圈，并且要提高齿面硬度，减小表面粗糙度，并采用粘度大和抗胶合性能好的润滑油。

4.5　螺旋机构的装调

螺旋运动是构件的一种空间运动，它由具有一定制约关系的转动及沿转动轴线方向的移动两部分组成。组成运动副的两构件只能沿轴线作相对螺旋运动的运动副称为螺旋副。构成螺旋副的条件是它们的牙型、直径、螺距、线数和旋向必须完全相同。螺旋副是面接触的低副。螺旋传动是利用螺旋副来传递运动和动力的一种机械传动，可以方便地把主动件的回转运动转变为从动件的直线运动。与其他将回转运动转变为直线运动的传动装置（如曲柄滑块机构）相比，螺旋传动具有结构简单、工作连续、平稳、承载能力大、传动精度高等优点，因此广泛应用于各种机械和仪器中。它的缺点是摩擦损失大、传动效率较低，但目前滚动螺旋传动的应用，已使螺旋传动摩擦大、易磨损和效率低的缺点得到了很大程度的改善。

螺旋传动按其用途和受力情况可分为传力螺旋、传导螺旋、调整螺旋。

4.5.1　螺旋机构装配的技术要求

螺旋机构装配时为了提高丝杆传动精度和定位精度，必须认真调整丝杠螺母的配合精度。一般应满足以下要求：

1）保证规定的配合间隙。

2）丝杠与螺母的同轴度及丝杠轴心线与基准面的平行度应符合规定要求。

3）丝杠与螺母相互转动应灵活。

4）丝杠的回转精度应在规定的范围内。丝杆回转精度的高低主要由丝杠径向圆跳动和轴向窜动的大小来表示的。

4.5.2　螺旋机构的装配方法

1. 丝杠螺母副配合间隙的测量与调整。

丝杠与螺母副配合间隙，包括径向间隙与轴向间隙两种。轴向间隙直接影响丝杠螺母副的传动精度，因此需要采用消隙机构予以调整。但测量时，径向间隙比轴向间隙更易反应丝杠螺母副的配合精度，所以配合间隙常用径向间隙表示。径向间隙即是通常所说的丝杠与螺母的配合间隙。径向间隙的测量方法是：

将螺母旋转到丝杠一端的距离约（3 ~ 5）P 处，以避免丝杠弹性变形引起误差。用稍大于螺母重量的作用力，将螺母压下及抬起，通过百分表上的读数即可决定径向间隙的大小，如图4-23所示。

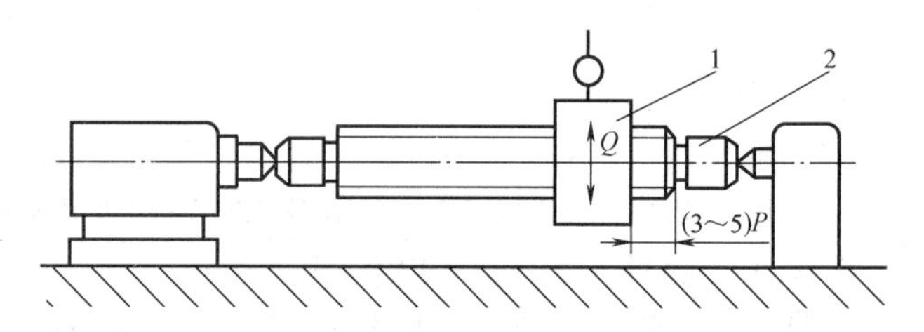

图4-23　径向间隙的测量方法

1—螺母　2—丝杠

2. 轴向间隙的调整方法

调整轴向间隙时，无消隙时，无消隙机构的丝杠螺母副，用单配或选配的方法来决定合适的配合间隙。有消隙机构的按单螺母或双螺母结构采用以下方法调整间隙。

单螺母机构常采用如图4-24所示机构，使螺母与丝杠始终保持单向接触。

单螺母机构消除间隙，主要是指轴向间隙，消除方法有：

1）靠弹簧拉力消除间隙（图4-24a所示）。

2）靠油缸压力消除间隙（图4-24b所示）。

3）靠重锤重量消除间隙（图4-24c所示）。

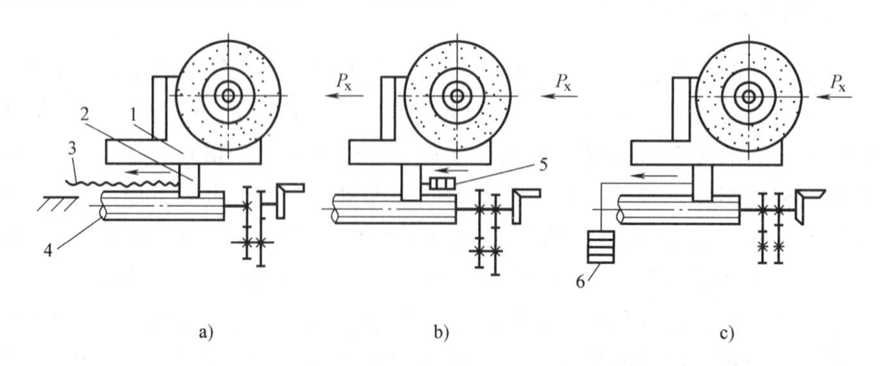

图4-24　单螺母机构消除间隙

a）靠弹簧拉力消除间隙　b）靠油缸压力消除间隙　c）靠重锤重量消除间隙

1—机架　2—螺母　3—弹簧　4—丝杠　5—液压缸　6—重锤

单螺母结构中消隙机构的消隙力方向与切削分力 P_X 方向必须一致，以防进给时产生爬行，影响进给精度。

3. 双螺母传动机构消除轴向间隙方法

（1）调整螺钉法　如图 4-25a 所示，先松开螺钉 3；旋紧螺钉 1，这时斜块 2 向上移动，便推动螺母移动，直到消除间隙为止。这时再拧紧螺钉 3 将螺母固定起来。

（2）调整调节螺母法　如图 4-25b 所示，用弹簧消除间隙法。转动调节螺母 8，通过垫圈 7 压缩弹簧 6 使螺母 5 轴向移动，消除轴向间隙。

（3）修磨垫片法　如图 4-25c 所示，修理垫片 12 的厚度消除间隙法。根据丝杠螺母副的实际轴向间隙，修理垫片的厚度来消除轴向间隙。

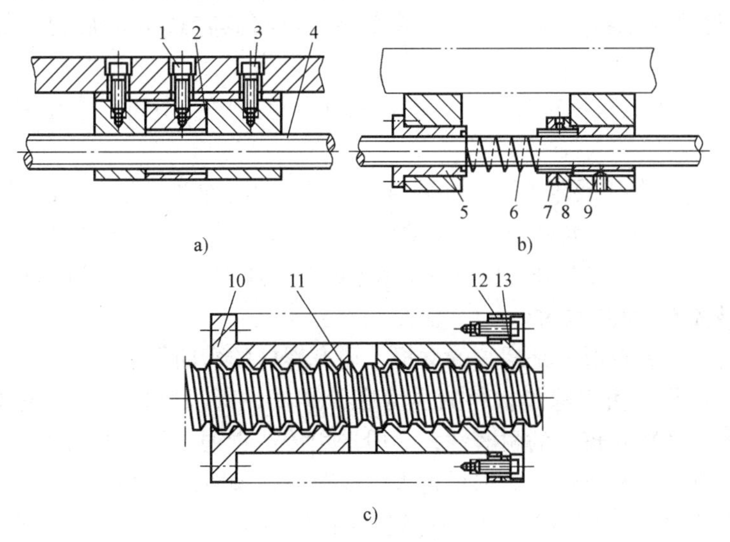

图 4-25　双螺母传动机构消除轴向间隙

a）调整螺钉法　b）调整调节螺母法　c）修磨垫片法

1、3—螺钉　2—斜块　4—丝杠　5、9—螺母　6—弹簧　7—垫圈

8—调节螺母　10、13—螺母　11—丝杠　12—垫片

4.5.3　校正丝杠螺母副的同轴度及丝杠轴心线对基准面的平行度的操作步骤

1）专用量具。

2）以平行于导轨面的丝杠两轴承孔中心的连线为基准，校正螺母孔的同轴度，如图 4-26 所示。

3）先校正两轴承孔中心线在同一直线上，且与 V 形导轨平行，如图 4-26a 所示。根据

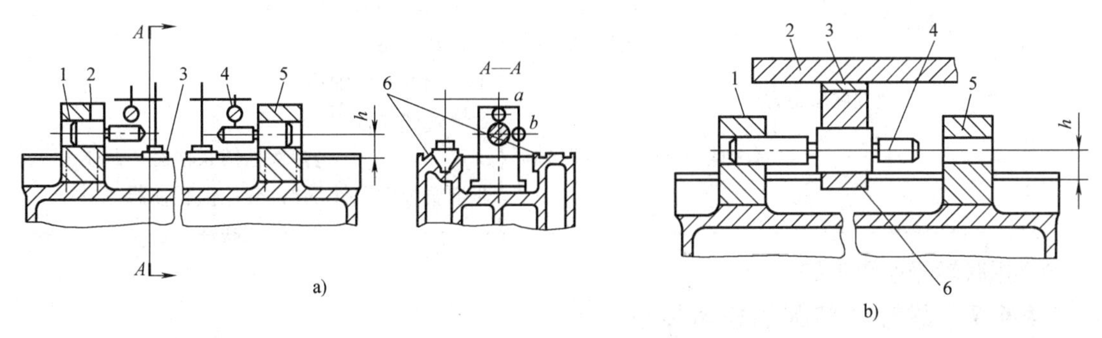

图 4-26　校正螺母孔与前后轴承同轴度误差

1、5—轴承孔　2—工作台　3—垫块　4—检验棒　6—螺母座

实测数据修刮轴承座结合面，并调整前、后轴承的水平位置，以达到所需的要求，再以中心线 a 为基准，校正螺孔中心。

4）如图4-26b 所示，将检验棒4 装于螺母座6 的孔中，移动工作台2，如检验棒4 能顺利插入前、后轴承座孔中，即符合要求，否则应根据尺寸 h 修磨3 的厚度。

5）以平行于导轨面的螺母孔中心线为基准，校正丝杠两轴承孔的同轴度误差。

6）在校正丝杠轴心线与导轨面的平行度时，各支承孔中检验棒的“抬头”或“低头”方向一致。

7）为消除检验棒在各支承孔中的安装误差，可将其转过180°后再测量一次，取其平均值。

8）具有中间支承的丝杠螺母副，考虑丝杠有自重挠度，中间支承孔中心位置校正时应略低于两端。

9）检验棒应满足如下要求：测量部分与安装部分的同轴度误差为丝杠螺母副同轴度误差的2/3～1/2；测量部分直径允差应小于0.005mm，圆度、圆柱度允差为0.002～0.005mm，表面粗糙度 R_a6.3～3.2；安装部分直径与各支承孔配合间隙为0.005～0.001mm。

4.5.4　螺旋传动的维护

螺旋传动的主要失效形式是螺纹的磨损，还有螺杆的弯曲等。

（1）螺纹的磨损　由于螺母材料的强度底于螺杆，所以要采用合适的螺母材料，螺母应具有较低的摩擦系数和较高的耐磨性，一般选用铸造青铜，低速时可采用耐磨铸铁，以减小表面粗糙度，改善润滑条件。磨损量过大时，要更换螺母。

（2）螺杆的弯曲　一般螺杆弯曲超过规定的误差时，就要进行校直处理。

4.6　联轴器的装调

联轴器和离合器主要用作轴与轴间的连接。

联轴器是用来连接两根轴或轴和回转件，使它们一起回转，传递转矩和运动，在机器运转过程中，两轴或轴和回转件不能分开，只有在机器停止转动后经拆卸方可将它们分开。有的联轴器还可以用作安全装置，保护被连接的机械零件不因过载而损坏。

常用联轴器分类如下：

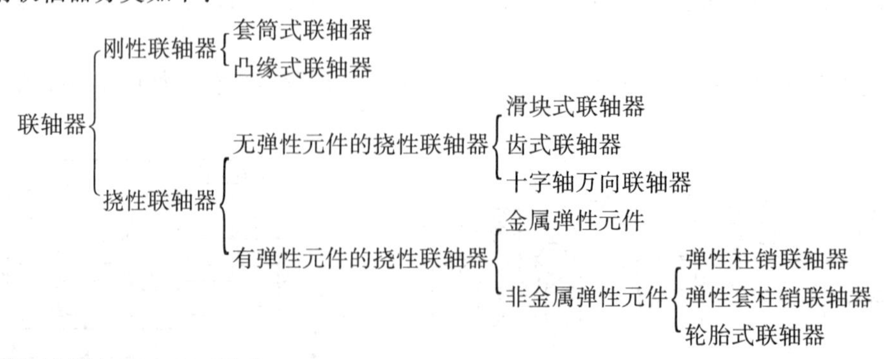

常用联轴器如图4-27 所示。

4.6.1　联轴器装配的技术要求

无论哪种形式的连轴器，装配的主要技术要求是保证两轴的同轴度。否则被连接的两轴在转动时将产生附加阻力并增加机械的振动，严重时还会使联轴器和轴变形或损坏。对于高

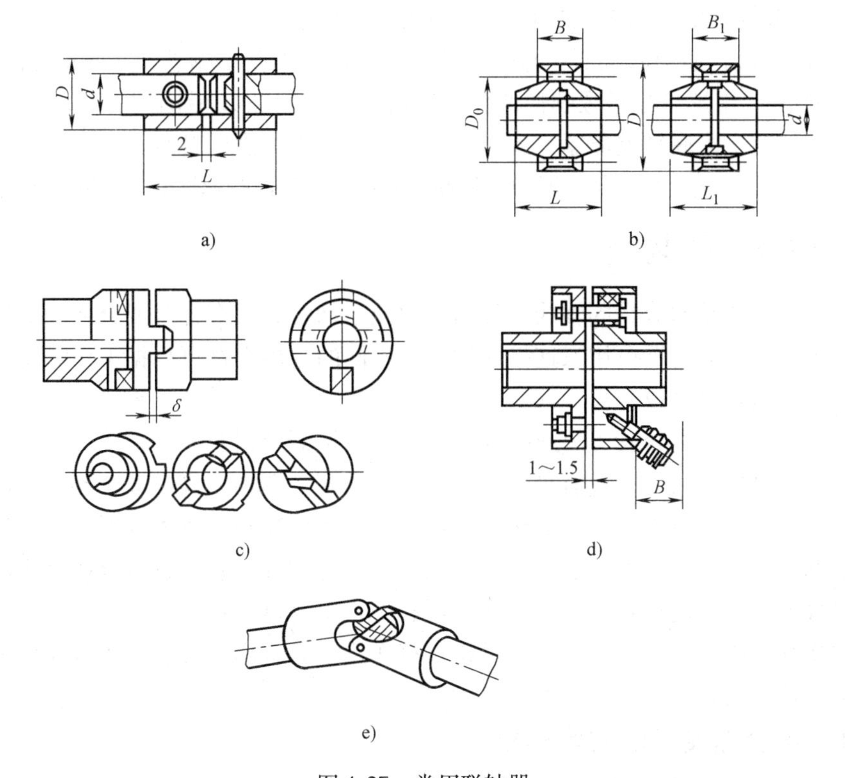

图 4-27　常用联轴器

a）锥销套筒式　b）凸缘式　c）十字滑块式　d）弹性柱销式　e）万向式联轴器

速旋转的刚性联轴器，这一要求尤为重要。因此，装配时应用百分表检查联轴器圆跳动和两轴的同轴度误差。

对于挠性联轴器（如弹性圆柱销联轴器和齿套式联轴器），由于其具有一定的挠性作用和吸振能力，其同轴度要求比刚性联轴器要低一些。

如图 4-28 所示两轴的同轴度误差。

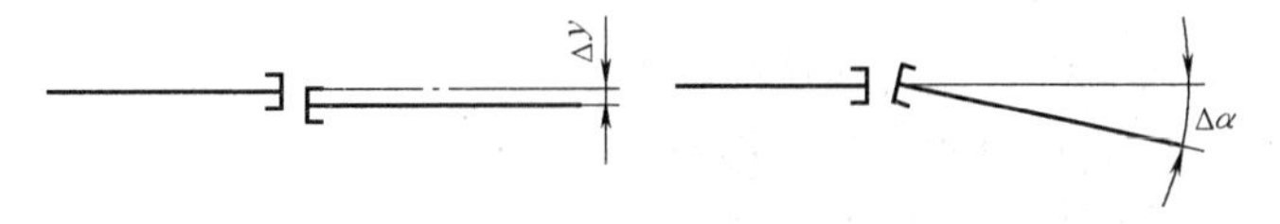

图 4-28　两轴的同轴度误差

4.6.2　联轴器的装配方法

如图 4-29 所示为较常见的弹性套柱销联轴器，其装配步骤如下：

1）先在轴 1、2 上装平键和半联轴器 3 和 4，并固定齿轮箱。按要求检查其径向和端面圆跳动。

2）将百分表固定在半联轴器 4 上，使其检测头触及半联轴器的外圆表面找正两个半联轴器 3、4，使之符合同轴度要求。

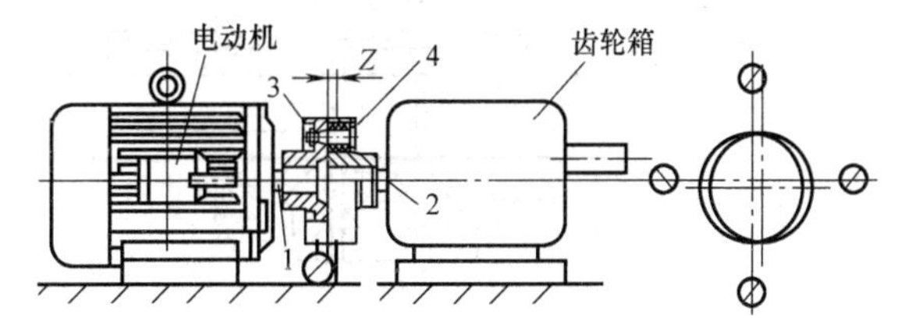

图 4-29　弹性套柱销联轴器

1、2—轴　3、4—半联轴器

3）将橡胶弹性套的柱销装入半联轴器4的圆柱孔内。

4）移动电动机，使半联轴器4橡胶弹性套的柱销带锥度小端进入3的销孔内。

5）转动轴2，用螺母拧紧橡胶弹性套的柱销来调控间隙 Z 沿圆周方向均匀分布。然后移动电动机，使两个半联轴器靠紧，固定电动机，再复检一次同轴度。

6）在半联轴器3内，用螺母拧紧橡胶弹性套的柱销，使橡胶弹性套的柱销的弹力达到要求。

4.7 离合器的装调

离合器是主、从动部分在同轴线上传递动力或运动时，具有接合或分离功能的装置。与联轴器的作用一样，离合器可用来连接两轴，但不同的是离合器可根据工作需要，在机器运转过程中随时将两轴接合或分离。

按控制方式不同，离合器可分成操纵离合器和自控器合器两大娄。

必须通过操纵接合元件才具有接合或分离功能的离合器称为操纵离合器。按操纵方式不同，操纵离合器分有机械离合器、电磁离合器、液压离合器和气压离合器4种。自控离合器是指在主动部分或从动部分某些性能参数变化时，接合元件具有自行接合或分离功能的离合器。自控离合器分为超越离合器、离心离合器和安全离合器三种。

本节主要介绍机械离合器，在机械机构直接作用下具有离合功能的离合器称为机械离合器。机械离合器有嵌合式和摩擦式两种类型。

4.7.1 离合器装配的技术要求

1）接合和分开时动作要灵敏。

2）能传递足够的扭矩。

3）工作平稳。

4）对摩擦离合器，应解决发热和磨损补偿问题。

4.7.2 不同离合器的装配方法

1. 牙嵌式离合器

1）先在主动轴上装平键，并且将半离合器压在主动轴上。

2）对中环（导向环）固定在主动轴端的半离合器上。

3）把两个滑键用沉头螺钉固定在从动轴上。

4）配装离合器，应能轻快的沿轴向移动。

5）将滑环安装从动轴的离合器上。

6）将轴装入对中环的孔内，能自由转动，如图4-30所示

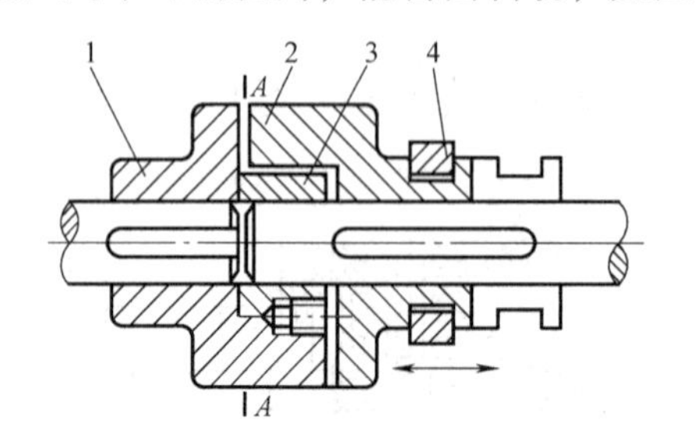

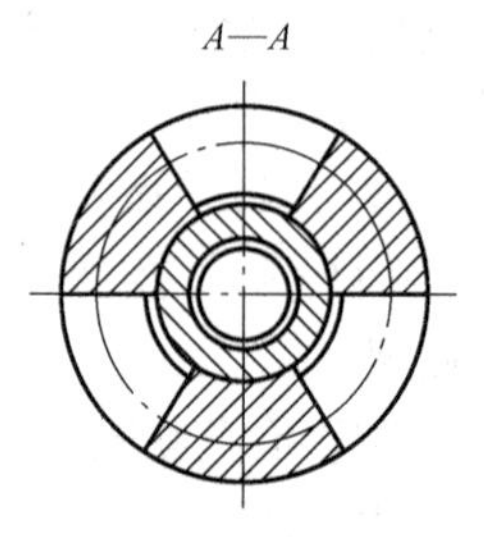

图4-30 牙嵌式离合器

1、2—半离合器 3—对中环 4—滑块

2. 摩擦式离合器

(1) 圆锥式离合器的装配方法及步骤

1) 用涂色法检查锥体的接合情况。

2) 开合装置必须调整到使两锥面能产生足够摩擦力的位置，如图 4-31 所示。

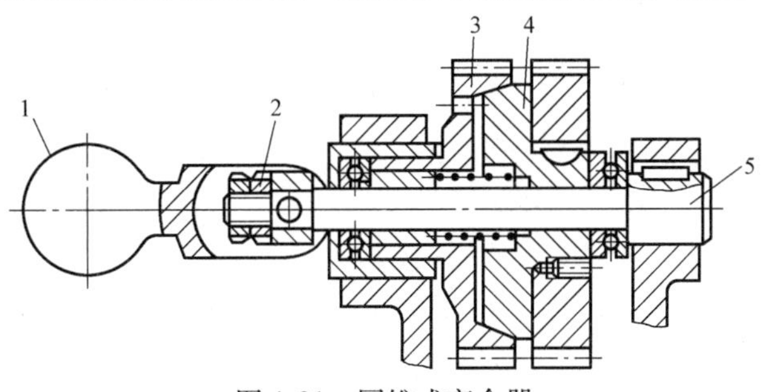

图 4-31 圆锥式离合器

1—手柄 2—螺母 3、4—锥面 5—可调节轴

(2) 片式摩擦离合器的装配方法及步骤

要求装配后松开时，间隙要适当。如间隙太大，操纵时会压紧不够，内、外摩擦片会打滑，传递转矩不够，摩擦片也容易发热、磨损；如间隙太小，操纵时会压紧费力，且失去保险作用，且在停机时，摩擦片不易脱开，易导致摩擦片烧坏。

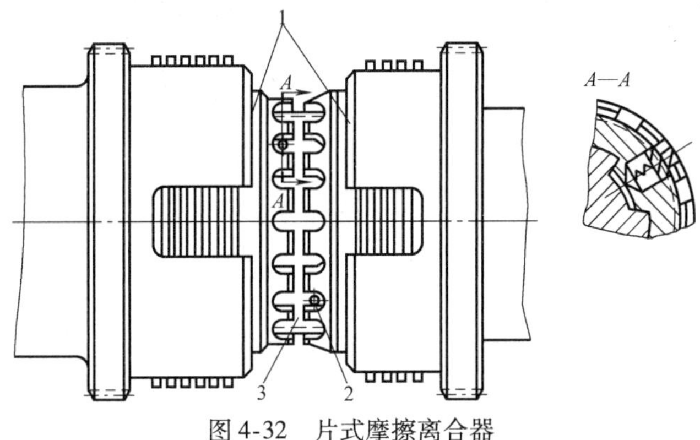

图 4-32 片式摩擦离合器

1—螺母 2—定位销 3—花键套

调整方法是，先将定位销 2 压入螺母 1 的缺口下，然后转动螺母 1 来调整间隙。调整后，要使定位销弹出，以防止在工作中松脱。

习题与思考题

4-1 试述 V 带轮的安装方法和要求？

4-2 链传动机构装配有哪些主要技术要求？

4-3 齿轮传动机构有什么装配要求？

4-4 蜗杆传动机构装配后有哪些检查？

4-5 单螺母机构消除间隙的方法？

4-6 常见的弹性套柱销联轴器其装配要点有哪些？

4-7 离合器装配的技术要求有哪些？

4-8 片式摩擦离合器间隙的调整方法？

第3篇 典型机电产品的装调、维护

第5章
减速器装配与调试

减速器的作用是通过齿轮减速装置，将带轮输入的转速降低到所需要的速度，输出到工作装置上，使工作机构获得更大的转矩，驱动工作机构运转。减速器种类繁多，有圆柱齿轮减速器、蜗杆减速器、摆线针轮减速器、谐波减速器等。

图5-1所示是蜗杆减速器，采用锥齿轮来改变输出轴的方向，利用蜗杆传动机构传递空间交错轴之间的运动和动力。蜗杆减速器由箱体、锥齿轮轴、锥齿轮、蜗杆轴、蜗轮、蜗轮轴、轴承、轴承盖等组成。

蜗杆减速器的运动由联轴器传递至蜗杆轴，再由蜗轮副传给一对锥齿轮及轴外端连接的凸轮，最后由安装在锥齿轴左端的齿轮传出。

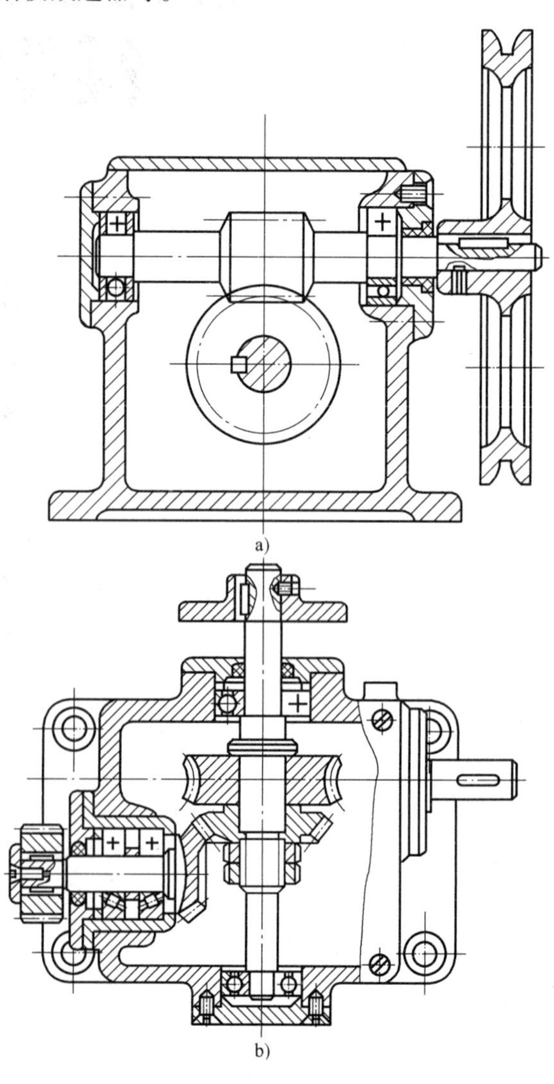

图5-1 蜗杆减速器

5.1 蜗杆减速器的装配

1. 准备

修锉箱盖、轴承盖等外观表面，如锐角、毛刺、碰撞印痕；清洗零件表面、清除铁屑、灰尘、油污；对箱盖与箱体、箱体与轴承盖的连接螺孔进行配钻和攻丝。

2. 预装

在单件小批量生产中，须对某些零件进行预装（试配），并配合刮、锉等工作，以保证配合要求。待达到配合要求后再拆下。如有配合要求的轴与齿轮、键等通常需要预装或修配键，间隙调整处需要配调整垫，确定其厚度。在大批量生产中主要通过控制加工零件的尺寸精度或采用恰当的装配方法来达到装配要求，一般不采用预装配，以提高装配效率。

3. 组件装配

轴承组件的装配，根据轴承组件图装配单元系统图确定的装配顺序，编制轴承套组件装配过程卡。

装配要求：所有零件首先要符合图样要求；零件组装后应转动灵活，无轴向窜动。

（1）轴承盖和毛毡的装配　将已经加工好的毛毡塞入轴承盖密封槽内。

（2）轴承套与轴承外圈的装配　用专用量具分别检查轴承套孔及轴承外圈尺寸，在配合面上涂上机油；以轴承套为基准，将轴承外圈压入孔内至底面。

（3）锥齿轮轴组件的装配　锥齿轮轴组件的径向尺寸小于箱体孔的直径，可以在体外组装后再装进箱内。以锥齿轮轴为基准，将衬套套装在轴上，再将轴承套分组件套装在轴上，在配合面上加油，将轴承内圈压装在轴上，并紧贴衬垫，套上隔圈，将另一轴承内圈压装在轴上，直至隔圈接触，将另一轴承外圈涂上油，轻压至轴承套内。装入轴承盖分组件，调整端面的高度，使轴承间隙符合要求后，拧紧三个螺钉。安装平键，套装齿轮、垫圈、拧紧螺母，注意配合面加油，检查锥齿转动的灵活性及轴向窜动。其他组件的装配参照此组件装方法完成。

4. 总装

（1）装配要求

1）零、组件必须准确安装，符合图样规定。

2）固定联接件必须保证将零、组件紧固在一起。

3）旋转机构必须转动灵活，轴承间隙合适。

4）啮合零件的啮合必须符合图样要求。

5）各轴线之间应有正确的相对位置。

（2）总装顺序　蜗杆轴系和蜗轮轴系尺寸比较大只能在箱体内组装。

1）蜗杆的装配。将蜗杆组件装入箱体，用专用量具检验箱体孔和轴承外圈尺寸，从箱体孔两端压入轴承外圈，装输入端轴承盖组件，拧紧螺钉，轻轻敲击蜗杆轴端消除间隙，选择安装适当厚度的调整垫和轴承盖，拧紧螺钉，保证蜗杆轴向间隙 Δ 为 0.01～0.2mm，如图 5-2 所示。

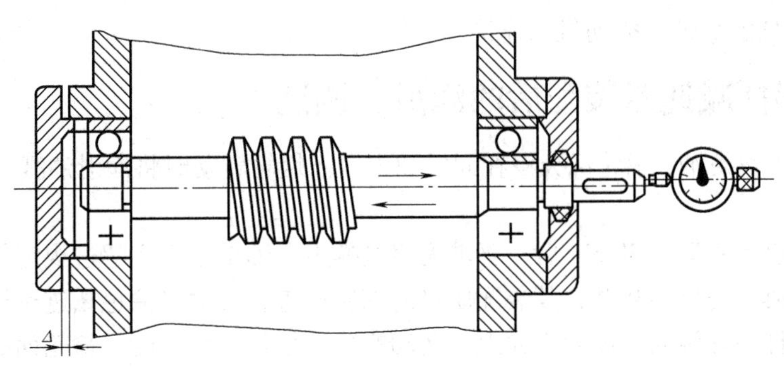

图 5-2　蜗杆的装配

2）蜗轮的装配。用专用量具检验箱体孔、轴和轴承外圈尺寸，蜗杆轴大端压入轴承内圈，从大轴孔方向转入蜗轮轴，依次装入蜗轮、锥齿轮、轴承套（代替轴承）、大端轴承外圈及轴承盖组件，调整蜗轮轴，保证蜗杆与蜗轮正确合啮合，测量轴承端面至孔端面距离 H，并调整轴承盖台肩和补偿垫圈的厚度 H'。装上轴承端盖，拧紧螺钉，如图 5-3 所示。

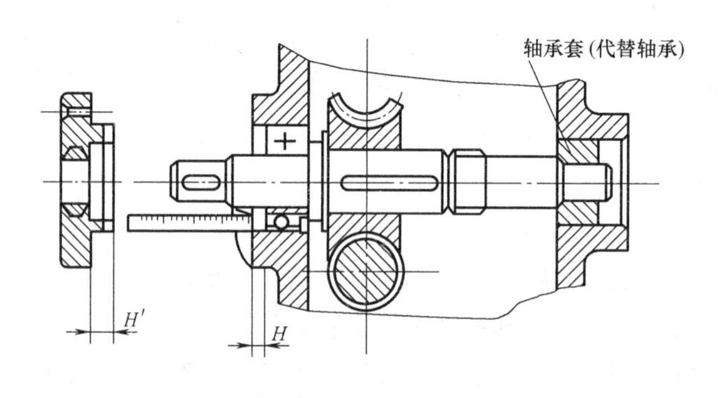

图 5-3 蜗轮的装配

3）锥齿轮组件的装配。装入轴承组件，调整两锥齿轮正确啮合位置（齿背平齐），分别测量轴承套肩与孔端面的距离 H_1 及锥齿轮端面与蜗轮端面的距离 H_2，调好垫圈尺寸，卸下各零件。

4）最后总装。从大孔方向装入蜗轮轴组件，同时依次将键、蜗轮调整圈、锥齿轮、锁紧垫圈和圆螺母从箱体孔两端压入轴承及轴承盖，拧紧螺钉并调整好间隙，将轴承套组件与调整圈一起装入箱体，拧紧螺钉，用手转动蜗杆轴带动蜗轮旋转，调整至运转灵活，如图5-4 所示。

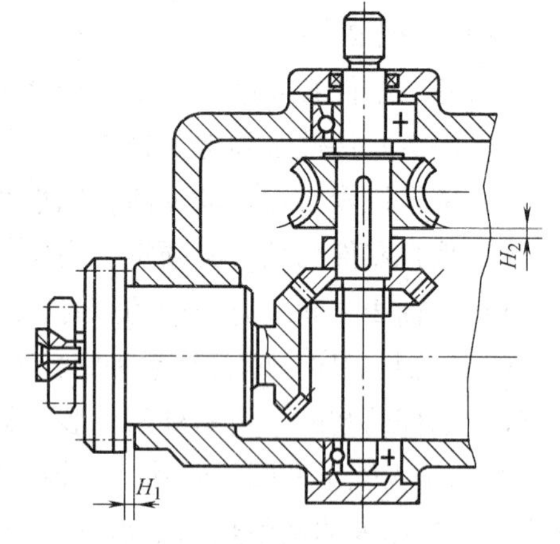

图 5-4 锥齿轮组件的装配

5）安装联轴器及凸轮，用动力轴连接空运转，检查齿轮接触斑痕，并调整至运转灵活。

6）清理内腔，注入润滑油，安装箱盖组件，放上试验台，安装 V 带与电动机相连接。

5.2 蜗杆减速器装配后的润滑、调试

箱体内装上润滑油，蜗轮部分浸在润滑油中，靠蜗轮转动时将润滑油溅到轴承和锥齿轮处加以润滑。

连接电动机空载运行 30min 后，要求无明显噪声，轴承温度不超过规定值。

减速器是典型的传动装置，其装配质量的综合检查，可通过涂色法进行检查。一般是将红丹粉涂在蜗杆的螺旋面、齿轮齿面上，转动蜗杆，根据蜗轮齿轮、齿轮面的接触斑点来判断啮合情况，再进行相应调整。

习题与思考题

5-1　减速器有哪些种类？蜗杆减速器由哪些部分组成？

5-2　蜗杆减速器总装的装配要求有哪些？

5-3　蜗杆减速器是怎样进行润滑的？

第6章

柴油机装配与调试

柴油机是内燃机的典型产品，由于其结构复杂，故装配质量直接影响其使用性能。在装配过程中，主要是气缸、活塞连杆组、曲轴飞轮组、配气系统、燃油供给系统及调速器等的装配。

6.1 气缸的装配

气缸的装配主要包括气缸套的装配和气缸盖的装配。

6.1.1 气缸套的安装

1. 缸体的清理

气缸缸体一般用灰铸铁、球墨铸铁或铝合金铸造而成，大多为长方形，如图6-1所示。

维修完发电机，一定要清除缸体在上、下凸肩处的沉积物，当清除不彻底时，容易损伤阻水圈，并引起缸套倾斜，在压紧缸盖后出现变形等情况，从而造成缸套的早期磨损、活塞偏磨、机油渗入油缸而排黑烟等故障。一般上凸肩较轻微。在安装缸套前，均应仔细将赃物清除干净。

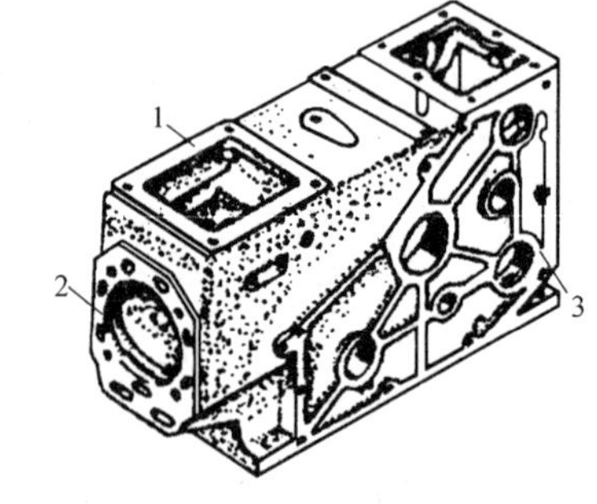

图6-1 S195型柴油机的气缸缸体

1—上端 2—前端 3—左侧

2. 气缸套安装前检查

气缸套有湿式和干式两种，如图6-2所示。目前，湿式气缸套用的较多，如图6-3所示。

气缸套与活塞、气缸盖构成燃烧空间，气缸壁易磨损，一般发电机都采用气缸与机体分开的结构，气缸套由

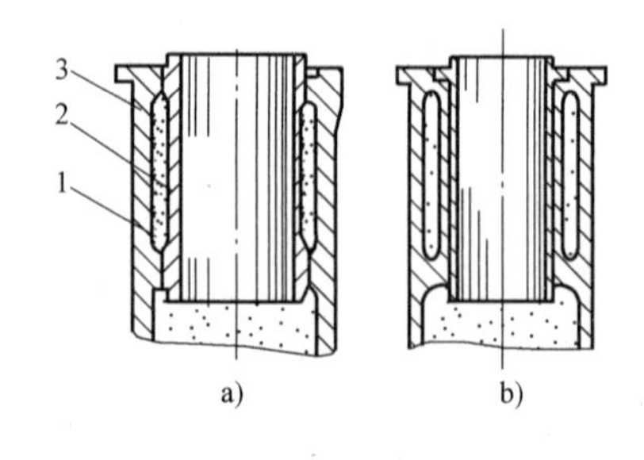

图6-2 水冷式柴油机气缸套安装形式

a）湿式气缸套 b）干式气缸套

1—冷却水 2—气缸套 3—机体

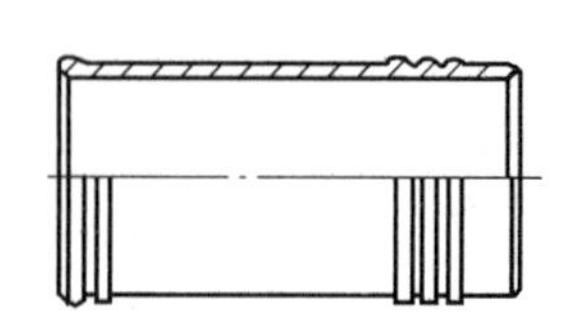
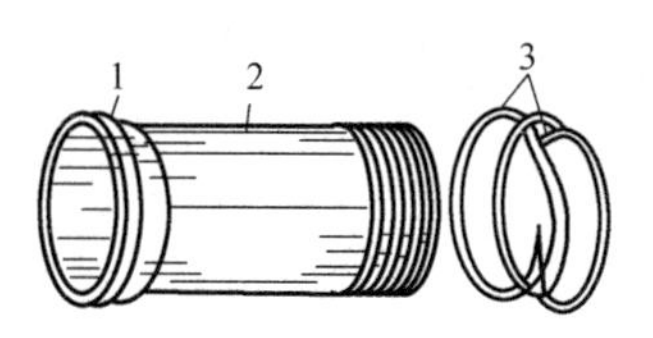

图6-3 湿式气缸套

1—凸肩 2—气缸套体 3—橡胶封水圈

耐磨材料制成。气缸套与安装孔一般为间隙配合。在缸体的安装孔清洁好以后，将未装阻水圈的缸套装入缸体时，应无阻卡现象，并可用手转动。

安装后的缸套上平面高度应略高出缸体的上平面，高度差 a 为 0.06～0.16mm，a 应符合缸套与缸体配合的标准要求，如不符合，可调整垫片厚度。如图 6-4 所示。

3. 阻水圈安装

在气缸套下支承面上，有环状槽，内安装 O 形耐油橡胶密封圈又称阻水圈。阻水圈应选用耐油、耐热、弹性好的橡胶，装配前应修平其毛边和棱角；装入槽后，要平整，不允许扭曲；还应有适当的紧度并高出槽外，以备装配时的变形余量，一般 h 为 0.8～1.2mm，如图 6-5 所示。

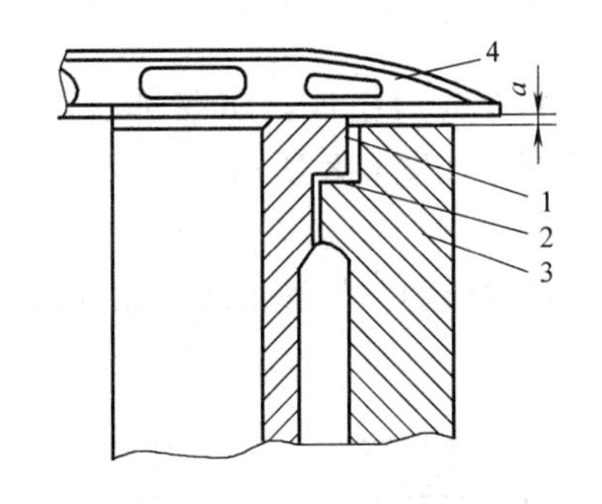

图 6-4　气缸套高出缸体平面的检查

1—缸套　2—调整点片　3—缸体　4—检查尺寸

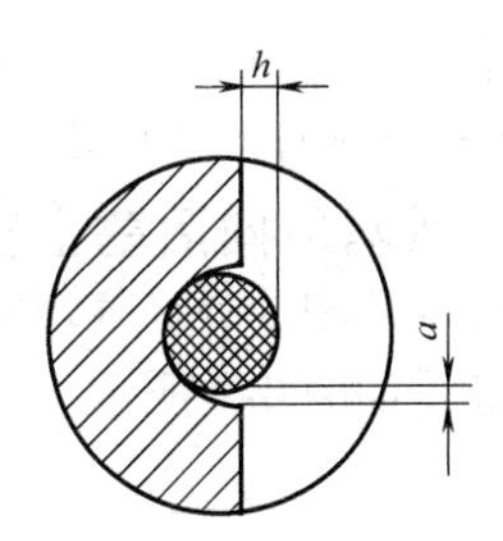

图 6-5　阻水圈在气缸套上的安装

装好阻水圈的气缸套，可在阻水圈表面涂一层快干漆增加密封性。在装入缸体前，可在阻水圈处涂肥皂水，以便从缸体上端垂直装入。阻水圈与下凸肩的接触处应尽可能均匀，并应以手稍加压力即可装入。如果装不进去，应取出查明原因，不得强行压入。

4. 套缸安装后的检查

套缸安装后，应检查缸筒内径有无变形；缸筒高出缸体平面的高度是否符合规定；进行水压试验，检查密封处是否有渗漏现象。如发现问题时，应拆下重新装配。

6.1.2　气缸盖总成

气缸盖总成主要包括气缸盖、气缸盖罩、气缸垫等零件，如图 6-6 所示。

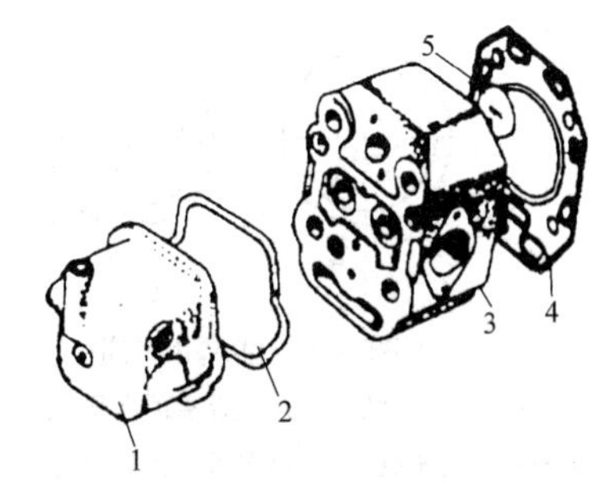

图 6-6　S195 型柴油机的气缸盖、气缸垫及气缸盖罩

1—气缸盖罩　2—气缸盖找垫片　3—气缸盖　4—气缸垫　5—涡流室镶块

气缸盖主要用来封闭气缸，同时也是许多零部件的安装基体。气缸盖的底部与气缸缸体依靠缸盖螺栓相连接，安装时，要按规定分 3～4 次用扭力扳手均匀拧紧至规定力矩。安装好后，起动柴油机工作 10h 左右，检查是否松动。

注意：气缸盖在使用中应防止产生三漏，即漏气、漏水、漏油。

6.2　活塞连杆组的装配

活塞连杆组由活塞、活塞环、活塞销和连杆等组成，如图 6-7 所示。

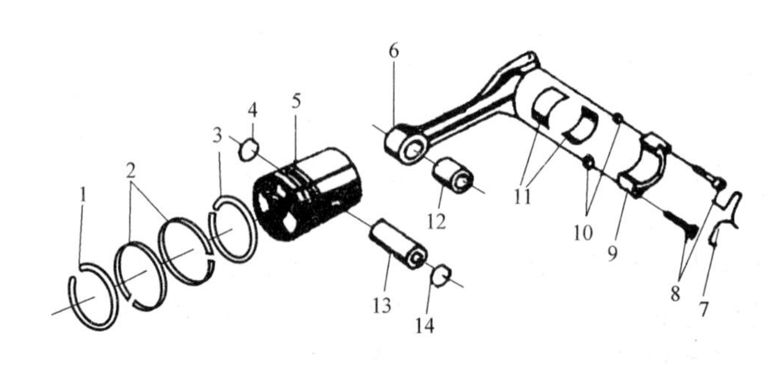

图6-7 活塞连杆组

1、2—气环 3—油环 4、14—卡簧 5—活塞 6—连杆 7—锁紧钢丝 8—连杆螺栓 9—连杆盖 10—定位套筒 11—连杆轴瓦 12—连杆衬套 13—活塞销

活塞多采用铝合金。它由防漏部、活塞顶、裙部和活塞销组成。防漏部有三道环槽（有的活塞在裙部还有1道环槽），最下面一道环为油环槽，如图6-8所示。

6.2.1 活塞环向活塞上安装

活塞环有气环和油环。气环除了矩形断面外，还有非矩形的，如锥形环、扭曲环、梯形环、桶面环等，如图6-9所示。

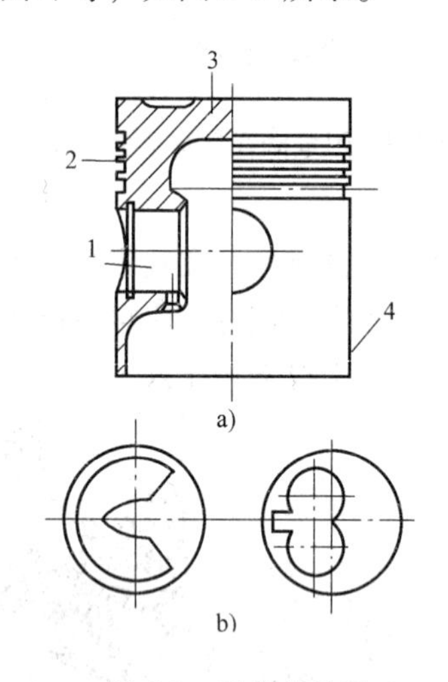

图6-8 活塞的构造

a）活塞 b）活塞顶面形状

1—活塞销座孔 2—环槽部 3—顶部 4—裙部

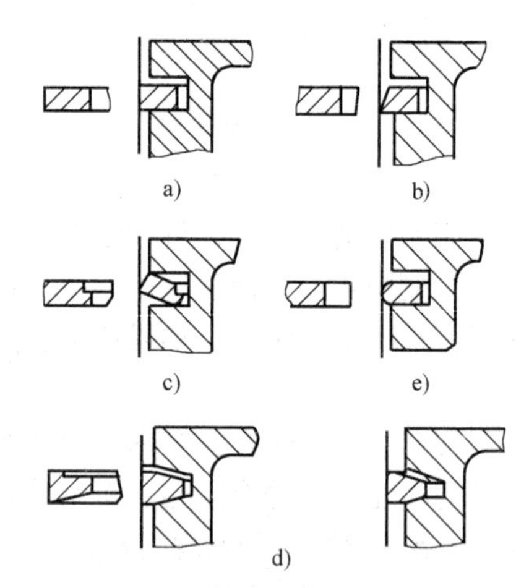

图6-9 气环的断面形状

a）矩形环 b）锥形环 c）扭曲环 d）梯形环 e）桶面环

非矩形截面环的安装时，这种环有一定的装配方向。当作为第一道环时，锥形环和正扭曲环在环的断面上内侧或下外侧切口，以提高刮油效果。但正扭曲环装在第二、三道环槽时，为了提高密封性能，可按相反方向装配。如果是换断面的下内侧或上外侧切口（反扭曲环），则安装方向应与正扭曲环相反。油环有普通油环和组合油环。气环有泵油的作用，油环有刮油的作用，如图6-10所示。

活塞环装入环槽后，为防止活塞环受热膨胀而卡死，活塞环切口处应保留一定的间隙，叫开口间隙，其大小与缸径有关，一般小型柴油机的开口间隙为0.25～0.50mm，如图6-11所示。

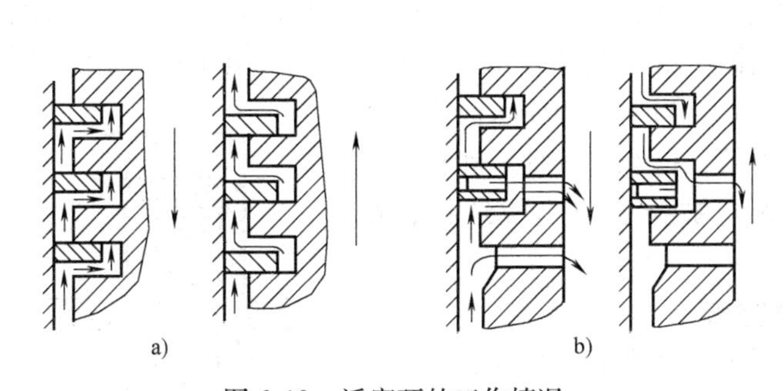

图 6-10　活塞环的工作情况

a）气环的泵油作用　b）油环的刮油作用

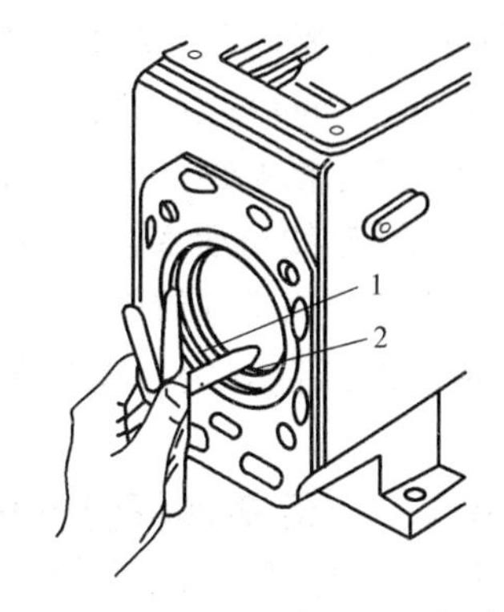

图 6-11　测量活塞环开口间隙

1—活塞环　2—塞尺

活塞环与环槽之间在高度方向上也应留有一定的间隙，叫侧隙，一般为 0.04 ~ 0.15mm。当活塞环沉入槽底时其外圆面应低于环岸，如图 6-12 所示。

活塞环经过弹力检查 、活塞环与环槽的间隙（侧隙）检查、活塞环开口间隙检查和修配、活塞环与缸筒漏光的严密性检查（如图 6-13 所示）合格后，方可在活塞上安装。

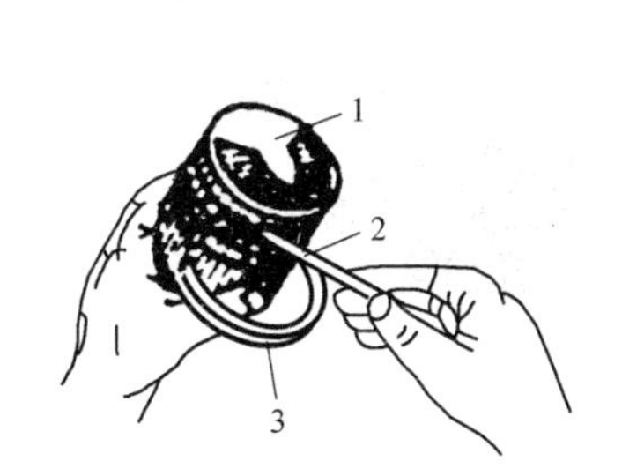

图 6-12　测量活塞环侧隙

1—活塞　2—塞尺　3—活塞环

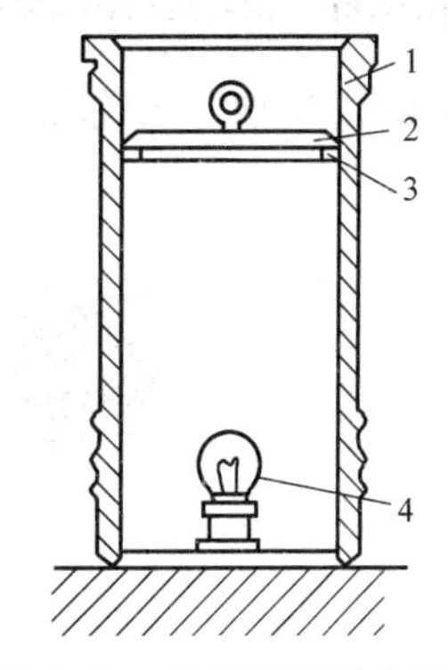

图 6-13　活塞环的漏光检查

1—气缸套　2—遮光板　3—活塞环　4—光源

为了防止损害活塞环，装配时应尽量采用专用工具——活塞环钳。

6.2.2　活塞与缸筒配合

活塞与缸筒的配合间隙要求较为严格，通常都采用选配。活塞与缸筒的配合标准是根据 20℃的环境温度制定的。由于铝活塞的线膨胀系数比钢铁材料高出约一倍。当装配时的环境温度变化较大时，应进行温差补偿。在小批量的修理生产中，一般用厚薄来测定配合间隙，选配时既要求满足装配标准，也应尽可能使各缸的配合间隙基本一致。

6.2.3　活塞销与活塞销孔的装配

由于一般活塞销与活塞销孔在常温下有一定的过盈，装配时需采取温差装配法，即将活塞加热到 80 ~ 90℃（可用水煮加热）。装配时应在活塞销表面涂上机油，将活塞从热水中取出后，迅速将销孔擦拭干净，即将活塞销装入孔中，并连同连杆小头一并装上，然后装上卡簧。

6.2.4　零件质量检查

活塞销孔与活塞裙部素线的垂直度的检查，要求在 100mm 长度内垂直度误差不大于

0.05mm。手持连杆、摇动活塞，活塞应能自由摆动；连杆小头两端面与活塞销座孔内端面应有不小于2mm的游动间隙；将活塞连杆组装到连杆校正器上，使活塞裙部贴近校正器垂直平板，测量活塞裙部上下两处与校正器平板的间隙差，一般不应小于0.08mm。此值即为连杆大端孔轴线与活塞轴线的垂直度误差。当不符合要求而需要扩孔时，必须严格遵守铰削工艺的有关要求。检查连杆轴承和轴颈配合间隙是否符合规定，连杆螺栓是否有被拉长或是螺纹损伤的情况。

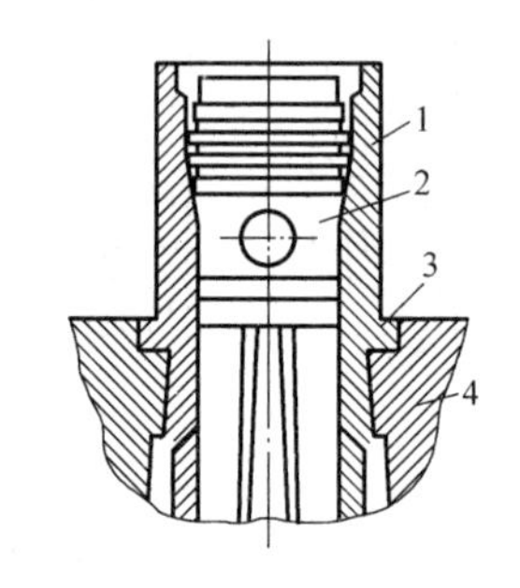

图6-14　活塞连杆组往缸体上的安装
1—导向套　2—活塞连杆组　3—缸筒　4—缸体

6.2.5　活塞连杆组向气缸内装配

各个零件应特别注意清洁，并涂抹少量洁净的润滑油；装入气缸时各塞环环口在气缸中的位置应相互错开90°~120°，同时也应与活塞销孔错开；组件装入缸筒后按拧紧曲轴主轴承螺母的方式将连杆轴承盖拧紧和锁定。装配完毕后应复查连杆轴承间隙与轴柄的周向间隙；检查转动是否灵活。最后检查活塞在气缸中有无偏斜和活塞处于上止点位置时与缸体平面的高度差，如图6-14所示。

6.3　曲轴飞轮组的装配

曲轴飞轮组由曲轴、飞轮和平衡机构组成，如图6-15所示。

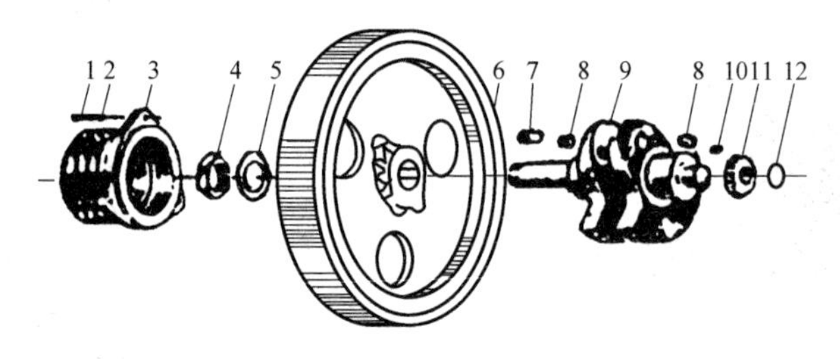

图6-15　曲轴飞轮组
1—六角螺母　2—弹簧垫圈　3—V带轮　4—飞轮螺母　5—止退垫　6—飞轮　7—飞轮平键
8—曲轴油塞　9—曲轴　10—曲轴平键　11—曲轴正时齿轮　12—轴向弹性挡圈

6.3.1　曲轴和轴承的装配

检查轴颈与轴承的配合间隙是否符合规定；螺柱、螺母有无损伤；冲洗机体主油道和曲轴中的油道；用煤油或柴油清洁各配合表面，如图6-16所示。

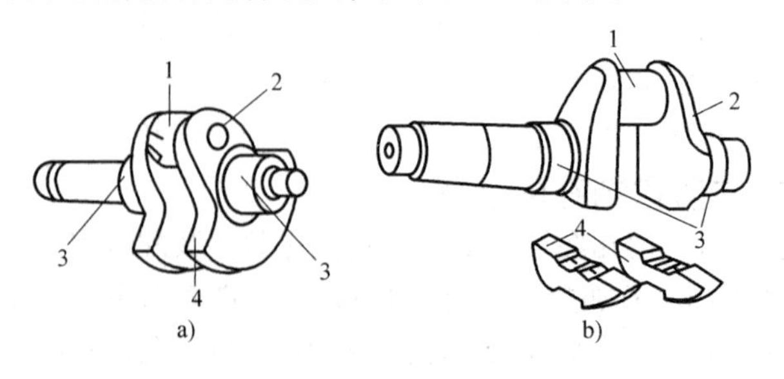

图6-16　曲轴结构
a）整体式曲轴　b）分铸式曲轴
1—连杆轴颈　2—曲柄　3—主轴颈　4—平衡块

多缸柴油机的主轴承一般用开式双金属薄壁轴瓦；单缸柴油机的主轴泵多用整体式双金属薄壁轴瓦。为了限制曲轴的轴向窜动，在最后一道主轴瓦采用翻边轴瓦或在一道主轴瓦的两侧装有止推片；有的小型柴油机用滚动轴承。装上主轴承的上瓦片，并在各油道及轴承表面注上清洁的机油；将曲轴放入规定位置，并盖上下瓦盖；从中间主轴承开始向两端逐个拧紧主轴承盖，拧紧螺母时须注意要两侧均匀拧紧，并要达到规定的拧紧力矩，在拧紧过程中，每拧紧一道轴承，均应对曲轴进行转动，检查曲轴是否转动灵活。全部轴承装配完毕以后，应用厚薄规检查曲轴的轴向游动间隙。经检查确认各部分装配合格以后，应将螺母进行锁定。

6.3.2　飞轮

飞轮的功用是储存和释放能量，使曲轴旋转均匀。一般用铸铁制成，安装在曲轴尾端的锥形轴颈上，有键槽定位，轴向用飞轮螺母紧固，并用止推垫圈的折边锁住，如图 6-17 所示。

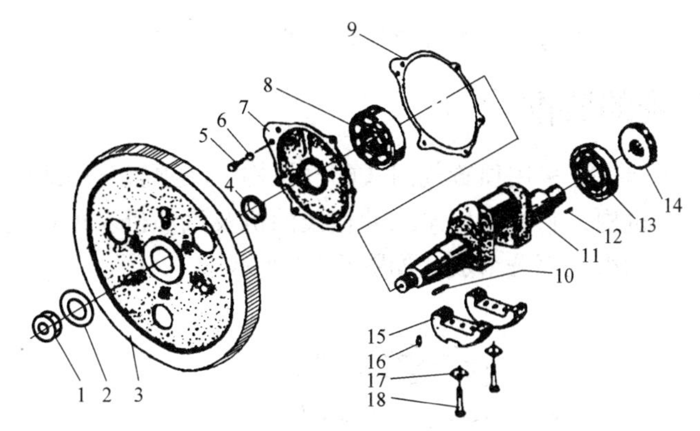

图 6-17　R180 型柴油机曲轴飞轮总成

1—飞轮螺母　2—飞轮锁片　3—飞轮　4—油封　5—螺栓　6—垫圈　7—主轴承座　8—滚动轴承（310）　9—轴承座垫片　10—飞轮平键　11—曲轴　12—平键　13—滚动轴承（12210）　14—曲轴正时齿轮　15—平衡块　16—圆柱销　17—锁紧垫片　18—平衡块螺钉

6.3.3　平衡机构

由于柴油机曲柄连杆机构运动时会产生很大的离心力和往复惯性力，这些力如果不平衡就会使柴油机产生强烈的振动，影响驾驶员的工作，甚至会损坏机器的零部件。离心力一般用曲轴上的平衡块平衡。往复惯性力在多缸柴油机上靠合理排列各缸的作功顺序来平衡，而单缸柴油机则需要专门的平衡机构进行平衡。平衡机构有双轴与单轴平衡机构。双轴平衡机构主要由上、下两根平衡轴组成，如图 6-18 所示。

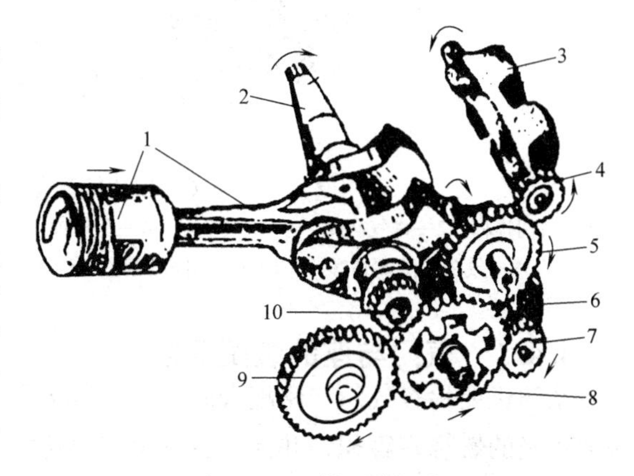

图 6-18　双轴平衡机构

1—活塞连杆组　2—曲轴　3—上下衡轴　4,7—平衡轴齿轮　5—启动齿轮　6—上下衡轴　8—调速器齿轮　9—凸轮轴正时齿轮　10—曲轴正时齿轮

平衡轴齿轮上都刻有定位标记，在齿轮室中应按标记装配该齿轮，如图 6-19 所示。

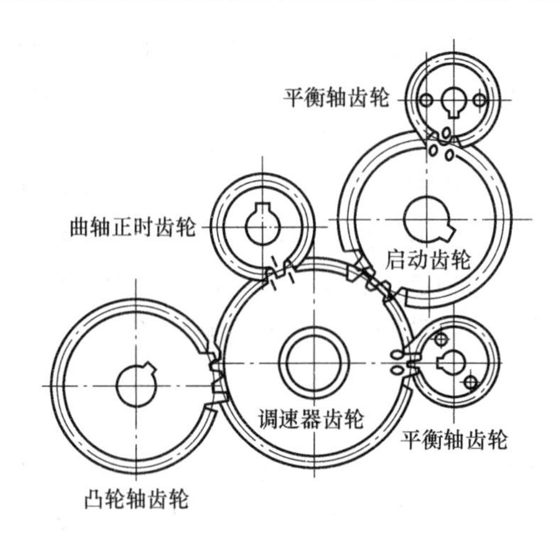

图6-19 带双轴平衡机构的齿轮室安装记号图

单轴平衡机构尺寸小、质轻，平衡效果比双轴平衡机构差一些。

6.4 配气系统的装配

单缸四冲程柴油机上广泛采用顶置气门式配气机构。除顶置气门式配气机构外，还有侧置气门式和气孔式配气机构，它们多用于二冲程柴油机及汽油机。顶置气门式配气机构由气门支承组、驱动组、传动组三部分组成，如图6-20所示。

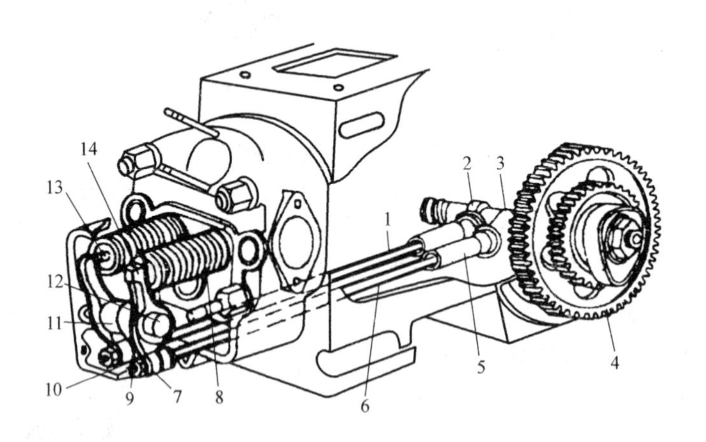

图6-20 195型柴油机的配气系统

1,6—气门推杆 2—排气凸轮 3—进气凸轮 4—凸轮轴正时齿轮 5—气门挺柱 7,14—进气门摇臂 8—气门弹簧 9—气门间隙调整螺钉 10—气门间隙调整螺母 11—排气门摇臂 12—气门摇臂轴 13—排气门

6.4.1 气门与座的装配要求

柴油机要检查气门与座配合时相对气缸盖平面的下限值。既要防止与活塞顶相碰，又要保证正确的燃烧室容积，并注意各缸之间燃烧室容积的平衡。修理时可通过各缸气门互换达到。接触环带应保证有良好的密封性。修理时，一般凭直觉检查接触印痕。也可进行渗漏检查，即用气门弹簧和锁片将气门按要求装好，然后从气门杆一方注入煤油，5min后气门无漏油现象则认为合格，如图6-21所示。

6.4.2　气门间隙的调整

气门杆尾端与摇臂长臂之间的间隙，用摇臂短臂上的调整螺钉来改变摇臂短臂头与推杆上端的距离，进而使气门杆尾端与摇臂长臂之间的距离发生变化。柴油机在工作 100h 或消耗柴油 200kg 后，应检查、调整一次。不同的机型间隙数值不同。调整好后，用塞尺检查。

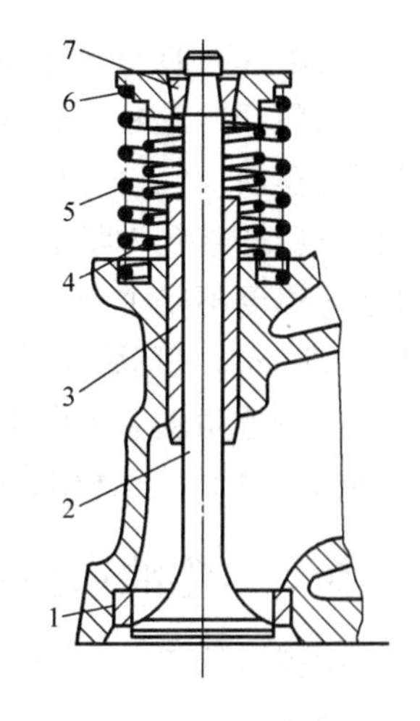

图 6-21　气门组零件组成
1—气门座　2—气门　3—气门导管　4—内弹簧　5—外弹簧　6—气门弹簧座　7—锁夹

6.4.3　定时齿轮的定位

曲轴和凸轮轴定时齿轮的相对位置是保证正确的配气相位的首要条件。定时齿轮组一般在出厂时都有记号，它有两种表示方法：一种是在齿轮和箱壳上有对应的记号，装配时只要将两记号对准即可；另一种是齿轮与齿轮中间有对应的记号（如图 6-19 所示）。

当齿轮组没有记号或记号错乱时，可按以下方法找到正确的安装位置。将飞轮按记号转到某一缸的压缩终了的上止点后再转动一圈，然后根据进气的提前角把曲轴反向回转到相应的角度上，再转动凸轮轴使之达到刚刚顶开进气门的位置，此时装入定时齿轮，即为正确定位。

6.4.4　空气滤清器

空气滤清器是进气装置的主要部件，其功用是过滤空气，供应柴油机充足、洁净和新鲜的空气。常用的有湿式和干式空气滤清器，如图 6-22、图 6-23 所示。

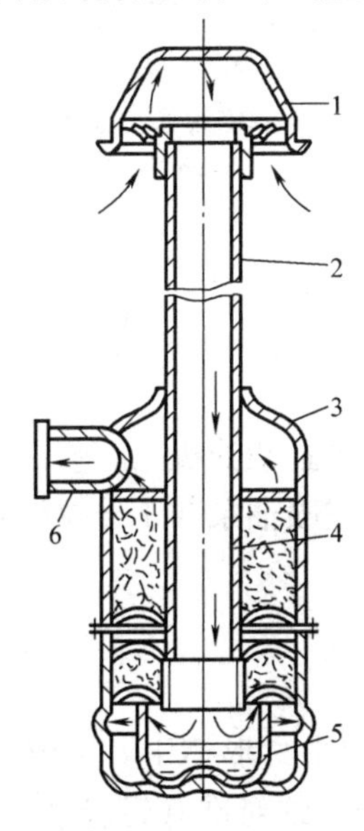

图 6-22　湿式空气滤清器
1—进气罩　2—中心管　3—壳体　4—滤网　5—储油盘　6—进气管

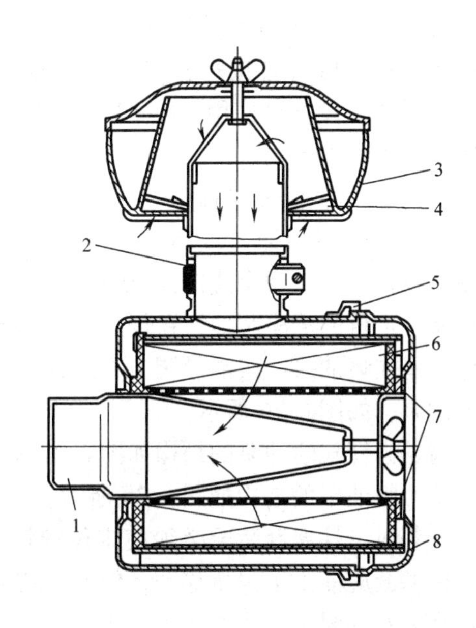

图 6-23　干式空气滤清器
1—进气管　2—中心罩　3—进气罩　4—导向叶片　5—密封圈　6—滤芯　7—毡圈　8—壳体

空气滤清器装配时，各密封垫圈要注意放平，不要在扭曲状态下装入，以免漏气；要注意各管路连接处的密封是否良好；螺栓、螺母、夹紧圈等应紧固；工作 100h 应保养一次。

6.4.5 其他零件的安装要求

气门杆的弯曲度应不大于0.05mm、圆柱度误差应不大于0.02mm，气门杆在气门导管内不能摆动，气门杆身与气门导管的间隙较小，一般为0.05～0.10mm；气门导管与气缸盖上的气门导管孔为紧配合，过盈量为0.009～0.046mm（铸铁）或0.018～0.074mm 气门头部边缘厚度不得小于0.5mm，锥面应平整、光洁、无刮伤，锥面相对轴线的摆差一般不大于0.05mm。气门弹簧的自由长度和刚度应符合要求，气门弹簧的断面与轴线应保持垂直，其最大偏差角度应不大于2°。对一般汽、柴油发电机气门座圈的接触环带宽度应在1.5～2.5mm 以内，汽油机取下限，柴油机取上限。

6.5 燃油供给系统及调速器的装配

燃油供给系统一般由油箱、柴油滤清器、喷油泵、喷油器及高/底压油管等组成，如图6-24所示。

6.5.1 油箱及柴油滤清器

油箱用来储存柴油，一般由镀锌簿钢板做成。油箱必须保持干净，使用时应定期用清洁柴油清洗油箱内部。

柴油滤清器有粗滤器和细滤器，功用是清洁柴油。柴油滤清器安装好后要放尽其间的空气，可拧松出油管管接螺栓，直到流出的柴油不带气泡，表明空气已经放尽，再将管接螺栓拧紧，注意要防止漏油。设备每使用50～100h 保养一次，如图6-25所示。

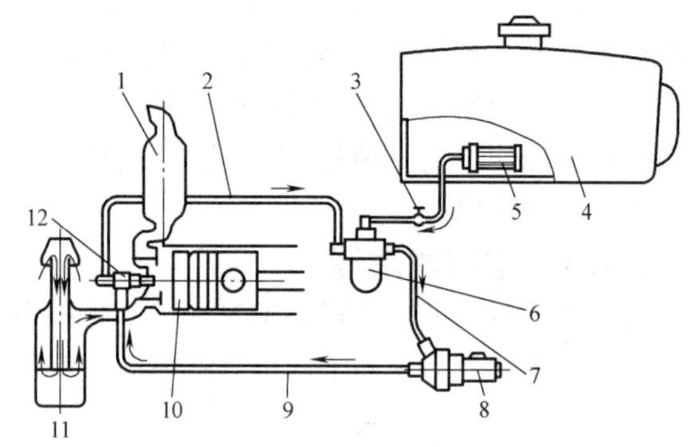

图6-24 柴油供给系示意图
1—消声器 2—回油管 3—油箱开关 4—柴油箱
5—柴油粗滤器 6—柴油细滤器 7—输油管
8—喷油泵 9—高压油管 10—活塞
11—空气滤清器 12—喷油器

6.5.2 喷油泵装配要求

喷油泵也叫燃油泵或高压泵。功用是提高柴油压力，并根据柴油机的负荷大小将一定量的洁净柴油，在规定的时间内输送到喷油器。单缸柴油机上的喷油泵，均采用单体柱塞式喷油泵。按油量调节方式其结构型式有齿轮齿杆式喷油泵和Ⅰ号拉杆式——拨叉式喷油泵。如图6-26所示。

齿轮齿杆式喷油泵的结构如图6-27所示。

Ⅰ号喷油泵的结构如图6-28所示。

安装时，柱塞套装配必须使定位螺钉正好插入柱塞套的半月形槽中。定位螺钉拧紧以后，柱塞套应能上下少量移动，但不能转动。柱塞的装入应仔细对准并轻轻推入柱塞套中，不得在未对准时强行用力装入。Ⅰ、Ⅱ、Ⅲ号系列泵的挺柱组件有一定的高度，装配时应对此进行检查。齿杆（或拉杆）装配后应能灵活沿轴向移动，并有一定的行程；与摆叉或齿轮一般有固定的相对位置，装配应注意对中。出油阀要密封好，防止漏油。对齿轮齿杆式喷油泵来说，有装配记号，不能装错，否则会造成供油时间的错乱，装配时应予注意。要调整好供油提前角，过大，柴油机工作时有敲打声，机件容易损坏，启动也容易发生倒转；过小，启动困难燃烧不完全，排气冒黑烟，机件温度过高，功率不足。一般 S195 型为1518；

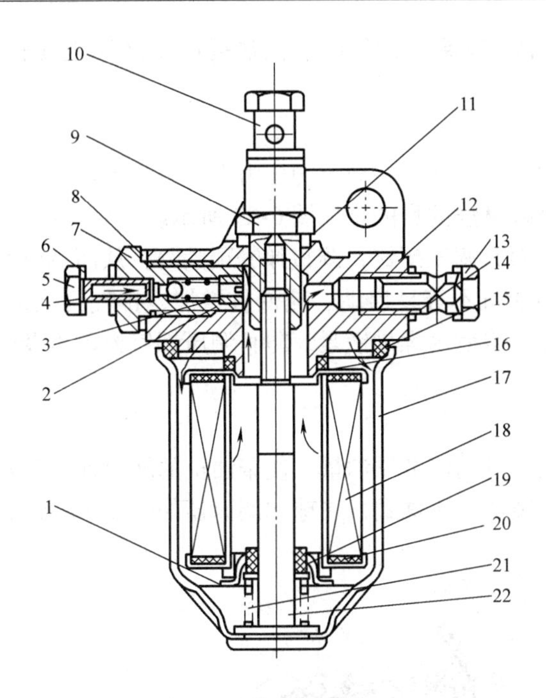

图 6-25　柴油细滤器

1—托盘　2—阀座　3,21—弹簧　4—钢球　5,10,13—管接螺栓　6,14—垫圈　7—单向阀座　8,20—垫片　9—拉杆螺母　11,15,16,19—密封圈　12—滤座　17—壳体　18—滤芯　22—拉杆

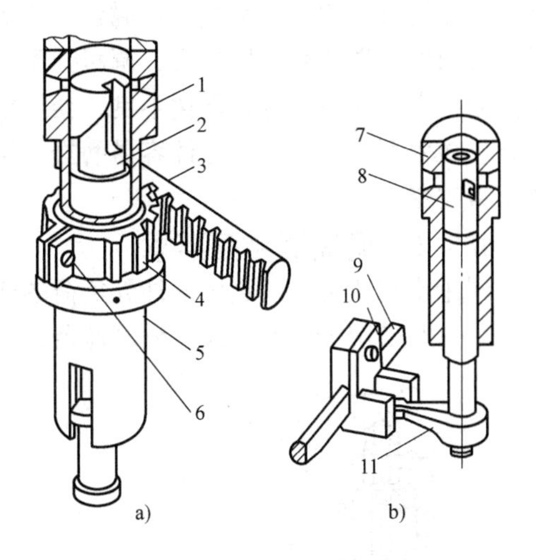

图 6-26　喷油泵的油量调节机构

a）齿轮齿杆式　b）拉杆拨叉式

1—柱塞套　2—柱塞　3—调节齿杆　4—调节齿轮　5—油量控制套筒　6—锁紧螺钉　7—柱塞套　8—柱塞　9—拉杆　10—拨叉　11—调节臂

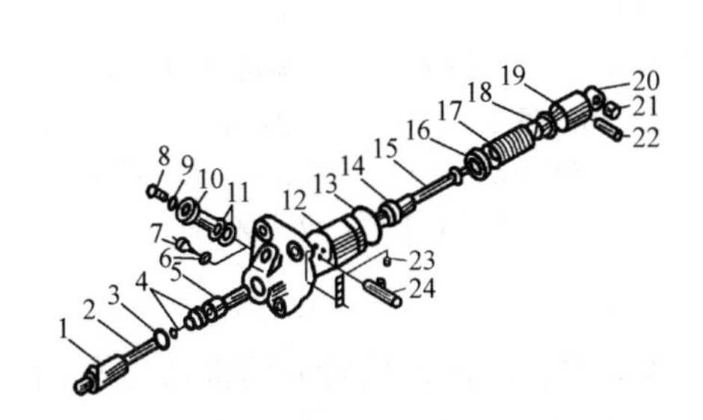

图 6-27　齿轮齿杆式喷油泵

1—出油阀紧座　2—出油阀弹簧　3、6、9、11—垫圈　4—出油阀偶件　5、15—柱塞偶件　7—定位螺钉　8—放气螺钉　10—进油管管接螺栓　12—泵体 13—卡簧　14—调节齿轮　16—弹簧上座　17—柱塞弹簧　18—柱塞弹簧下座　19—挺柱　20—滚轮　21—补套　22—滚轮销　23—导向销　24—齿杆

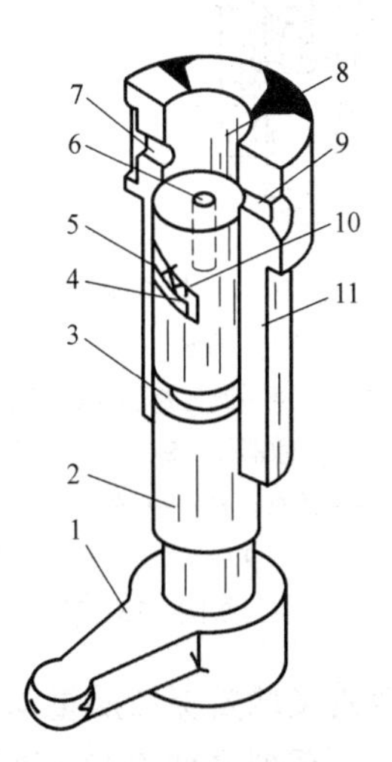

图 6-28　I 号喷油泵

1—调节臂　2—柱塞　3—油槽　4—斜槽空腔　5—径向孔　6—轴向孔　7—进、回油孔　8—空腔　9—进油孔　10—斜槽边　11—柱塞套

180型为1626；185型为1620等。使用中由于凸轮磨损的影响，供油提前角会发生变化，故应定期调整。

6.5.3 喷油器装配要求

喷油器的功用是将由喷油泵压送到高压油管的柴油，在规定的压力下，以锥形油束喷入燃烧室与气缸内的压缩空气进行混合，达到完善燃烧的目的，如图6-29所示。

喷油器上端装有调压弹簧，调压弹簧的上面有调压螺钉，调整弹簧预紧力，从而调整喷油器的压力。压力过低，雾化不良，会导致柴油机不容易启动、耗油量增加、排气冒黑烟、积碳、功率下降；过高，零件容易磨损。调整正确后用螺母锁紧，防止调压螺钉松动以及喷油压力改变。

6.5.4 调速器装配要求

调速器的功用，就是根据外界负荷的变化，自动调节供油量，使柴油机的转速保持相对稳定。一般采用机械离心式全程调速器，有飞锤式或飞球式，飞球式调速器如图6-30所示。

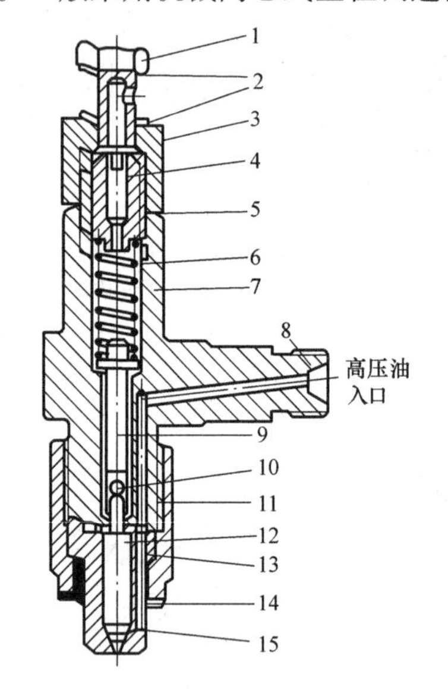

图6-29 轴针式喷油器总成

1—回油管接头螺栓 2,5—垫圈 3—锁紧螺母 4—调压螺钉 6—调压弹簧 7—喷油器体 8—高压油管接头 9—顶杆 10—钢球 11—喷油器紧帽 12—钢针 13—针阀体 14—密封垫圈 15—环形油腔

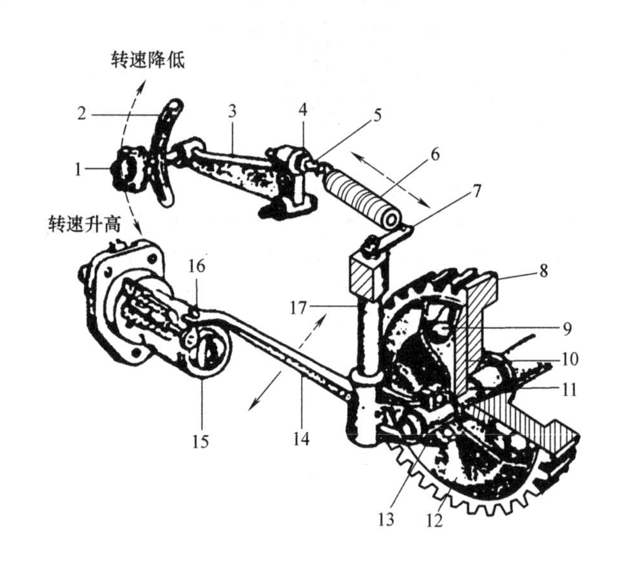

图6-30 飞球式调速器

1—调速手柄 2—转速指示牌 3—调速连接杆 4—锁紧螺母 5—调节螺钉 6—调速弹簧 7—调速臂 8—调速齿轮 9—钢球 10—调速支架 11—调速器轴 12—调速滑盘 13—单向推力轴承 14—调速杠杆 15—喷油泵 16—柱塞调节臂 17—调速杆

飞锤或飞球要保持质量均匀，其偏差必须严格限制，以保证回转时的离心力平衡，避免产生振动。系列泵推力盘45°斜面对轴承中心线的全跳动误差在直径为90mm处应不大于0.15mm，推力盘转动应灵活。各种调速器的联接铰链的配合应相当于H8/g7。其磨损后配合间隙，一般不大于0.2mm，以避免由于间隙过大而引起灵敏度和稳定性降低。可调性的校正弹簧应根据负荷性质进行调整。当负荷性质较稳定时，其弹簧的预紧度应较大；反之，可适当降低预紧程度，使有较好的超供性能，有利于克服瞬时骤加负荷。此预紧度也可通过对校正油量进行调整来实现。停车熄火后，调速手柄应放到停车位置以免调速弹簧长期受力

而使弹簧力变弱。

6.5.5　装配后油泵和调速器在试验台上进行整体试验检查

检查内容如下：

1）灵敏度与稳定性的检查。

2）喷油时刻的检查调整和喷油间隔角度的检查调整。

3）供油量及供油均匀度的检查和调整，应分别对额定油量、校正油量和怠速油量按照标准进行调整，并最后检查是否合格。

4）停止供油转速的检查。

6.5.6　喷油泵——调速器总成向发电机上安装

在柴油机中，有些喷油泵及调速器总成向发电机上的安装有固定不变的连接，装配时只要使定时齿轮按记号啮合，然后安装固定即可。

另一类喷油泵及调速器总成与机体相连接的接盘是可以相对转动的。转动时即改变喷油提前角。因此，装配时还要校正喷油提前角或供油提前角。喷油提前角在发动机上的校正可按以下过程进行：

1）将任意一缸的活塞摇至压缩行程终了的上止点位置。

2）在飞轮壳体上安装一喷油器，使喷嘴朝向飞轮圆周。并在飞轮圆周上正对喷油器中心线处划一记号。

3）用高压油管将喷油器与相应的出油阀接头连接。

4）将加速拉杆置于最大供油位置，用起动机带动发动机减压运转 2 ~ 3 转，观察喷油开始的痕迹。根据此痕迹与记号的相对位置，即可得到实际的喷油提前角。当角度过大时，可松开接盘固定螺栓，将油泵体顺凸轮轴转动方向转动一个相当此差值的二分之一角度；过小时，反方向转动。此法若使用加长油管，每加长 1m，提前角应减少 2°。

习题与思考题

6-1　气缸盖由哪些总成？要防止什么？

6-2　活塞连杆组由哪些部分组成？活塞的材料是什么？

6-3　活塞销与活塞销孔的装配要求是什么？

6-4　气门与座的配合有什么要求？

6-5　喷油器的装配有什么要求？

6-6　装配后油泵和调速器在试验台上进行整体试验检查的内容有哪些？

第7章

CA6140型卧式车床安装、调试与维护

CA6140型卧式车床是我国自行设计的一种机床，它外形美观、结构紧凑、操纵方便、精度较高、寿命较长，目前应用较广。它的外形如图7-1所示。

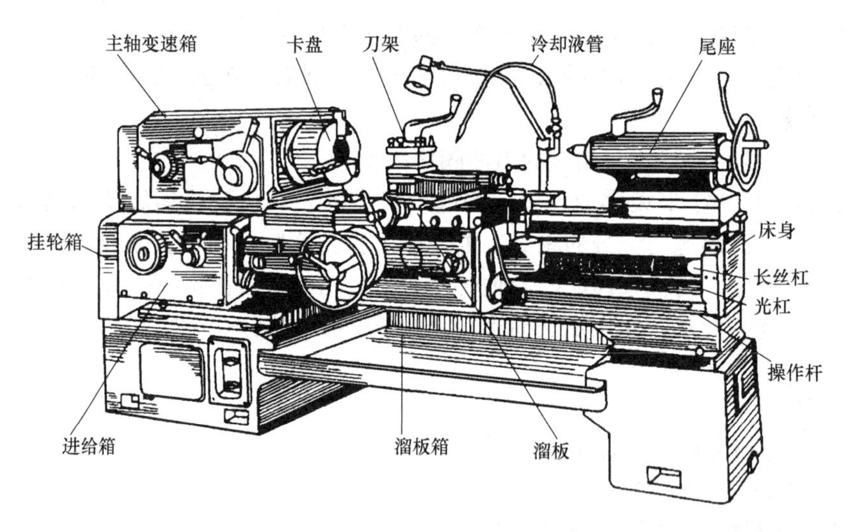

图7-1　CA6140型卧式车床

7.1　CA6140型卧式车床主要部件装配调整

7.1.1　CA6140型卧式车床主轴的装配调整

主轴是车床的主要零件之一，主轴的结构如图7-2所示。

主轴部件为了提高自身刚度和抗振性，采用三支承结构。前后支承各装有一个双列圆柱滚子轴承8（内径为105mm）和3（内径为75mm）中间支承处则装有一个双向推力角接触球轴承6用以承受左右两个方向的轴向力。向左的轴向力由主轴Ⅵ经螺母10、轴承8的内圈、轴承6传至箱体。向右的轴向力由主轴经螺母5、轴承6、隔套11、轴承8的外圈，轴承盖9传至箱体。

轴承的调整方法如下：轴承3的间隙可用螺母1调整。中间的轴承4，其间隙不能调整。一般在使用中，只要调整轴承8即可，只有当调整轴承8后仍不能达到要求的旋转精度

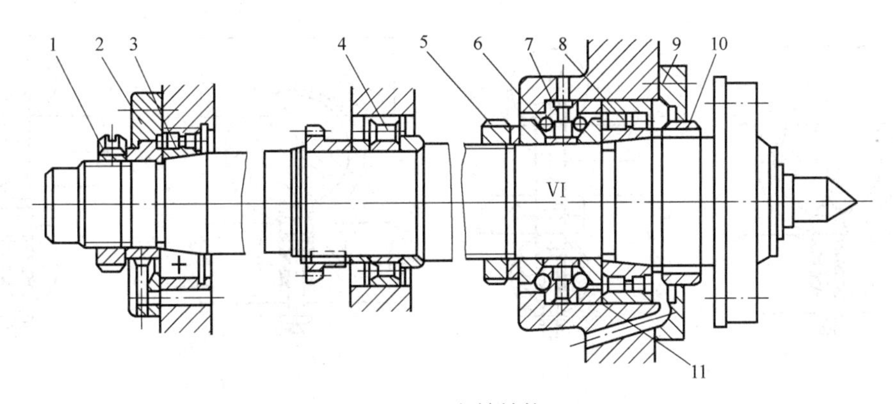

图 7-2　主轴结构

1、5、10—螺母　2—端盖　3、4、6、8—轴承　7—垫圈　9—轴承盖　11—隔套

时，才需调整轴承 3。轴承 8 可用螺母 5 和 10 来调整。调整时先拧松螺母 10，然后拧紧带锁紧螺钉的螺母 5，使轴承 8 的内圈锥度为 1:12 的薄壁锥孔相对主轴锥形轴颈向右移动。由于锥面的作用，薄壁的轴承内圈产生径向弹性膨胀，将滚子与内外圈之间的间隙消除。调整妥当后，再将螺母 10 拧紧。

7.1.2　开合螺母机构装配调整

开合螺母机构的作用是接通丝杠传来的运动。它由上下两个半螺母 1 和 2 组成（图 7-3a 所示），装在溜板箱体后壁的燕尾形导轨中，可上下移动。上下半螺母的背面各装有一个圆柱销 3，它的伸出端分别嵌在槽盘 4 的两条曲线槽中。扳动手柄 6，经轴 7 使槽盘顺时针转动时，曲线槽通过圆柱销使两半螺母分离，与丝杠脱开，刀架便停止进给。槽盘逆时针转动（图 7-3b 所示），曲线槽迫使两圆柱销互相靠近带动上下半螺母合拢，与丝杠啮合，刀架便由丝杠螺母经溜扳箱传动而移动。

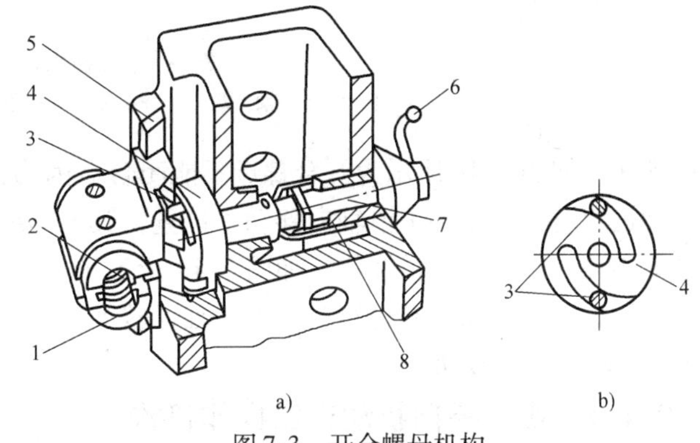

图 7-3　开合螺母机构

1、2—开合螺母　3—圆柱销　4—槽盘　5—机体

6—手柄　7—轴　8—固定套

7.1.3　互锁机构

互锁机构的作用是使机床在接通机动进给时，开合螺母不能合上；反之在合上开合螺母时，机动进给就不能接通。

如图 7-4 所示为 CA6140 车床溜板箱中互锁机构的工作原理图，它由开合螺母操纵手柄轴 6 上的凸肩 a、固定套 4 和机动操纵机构轴 1 上的球头销 2、弹簧 7 等组成。

如图 7-4a 所示开合螺母处于脱开状态时，为停机位置，即机动进给（或快速移动）未接通，这时，可以任意接合开合螺母或机动进给。如图 7-4b 所示为合上开合螺母时的情况，这时由于手柄轴 6 转过一个角度，它的平轴肩入到轴 5 的槽中。使轴 5 不能转动。同时，轴 6 转动 V 形槽转过一定的角度，将装在固定套 4 横向孔中的球头销 3 往下压，使它的下端插入轴 1 的孔中，将轴 1 锁住，使其不能左右移动。所以，当合上开合螺母时，机动进给手柄

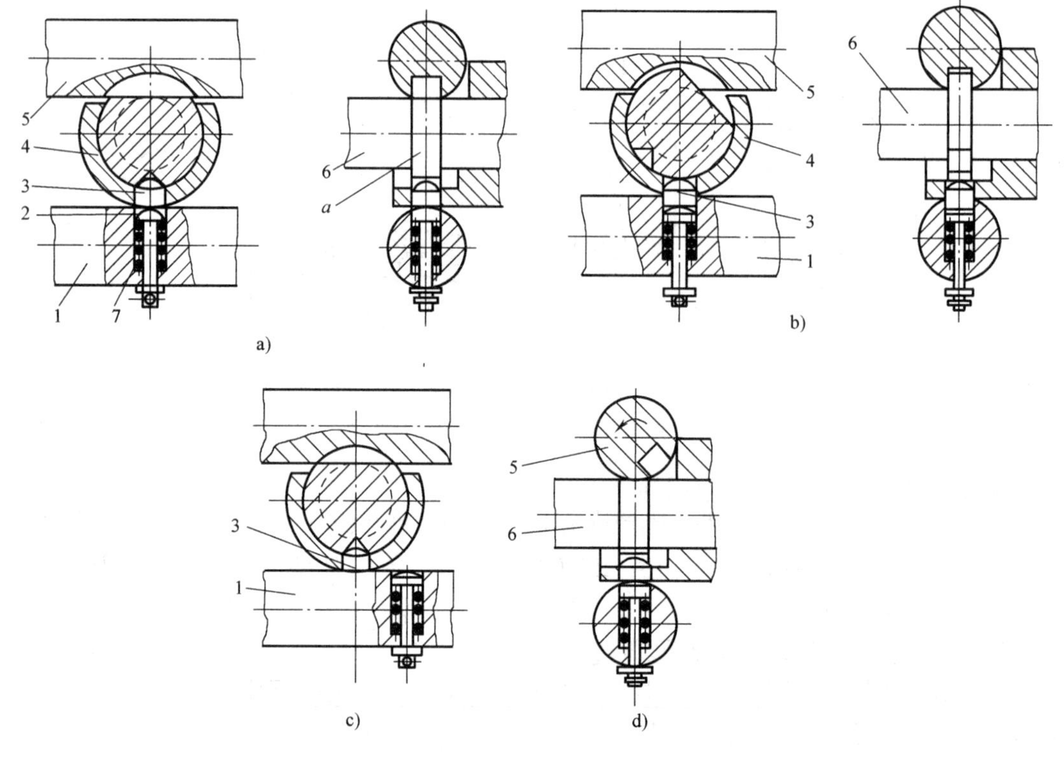

图7-4　互锁机构

1、5、6—轴　2、3—球头销　4—固定套　7—弹簧

即被锁住。如图7-4c所示为开合螺母不能闭合。因为向左、右扳动机动进给手柄，接通纵向机动进给时，由于轴1沿轴向移动了位置，其上的横孔不再与球头销3对准，使球头销不能往下移动，因而轴6被锁住。如图7-4d所示为开合螺母也不能闭合。因为前后扳动机动进给手柄，接通横向机动进给时，由于轴5转动了位置，其上面的沟槽不再对准轴6上的凸肩 a，使轴6无法转动。

7.1.4　纵、横向机动进给操作机构

图7-5所示是纵、横向机动进给操作机构的结构图。纵、横向机动进给运动的接通、断开及其变向由一个手柄集中操作，而手柄扳动方向与刀架运动方向一致。向左或右扳动手柄1，使手柄座3绕着销钉2摆动（销钉2装在轴向固定的轴23上）。手柄座下端的开口槽通过球头销4拨动轴5轴向移动，再经杠杆10和连杆11使凸轮12转动，凸轮上的曲线槽又通过销钉13带动轴14以及固定在它上面的拨叉15向前或向后移动。拨叉拨动离合器M8，使之与轴XXⅣ上的相应空套齿轮啮合，刀架相应地向左或向右移动，使纵向机动进给运动接通。

横向机动进给运动接通的方法是：向右或向前扳动手柄1，通过手柄座3使轴23以及固定在它左端的凸轮22转动时，凸轮上的曲线槽通过销钉19使杠杆20绕轴销21摆动，再经杠杆20上的另一销钉18带动轴17以及固定在其上的拨叉16轴向移动。拨叉拨动离合器M9，使之与轴XXⅧ上的相应空套齿啮合，这时刀架可以向前或向后移动。

机动进给传动链断开的方法是：手柄1扳至中间直立位置时，离合器M8和M9处于中

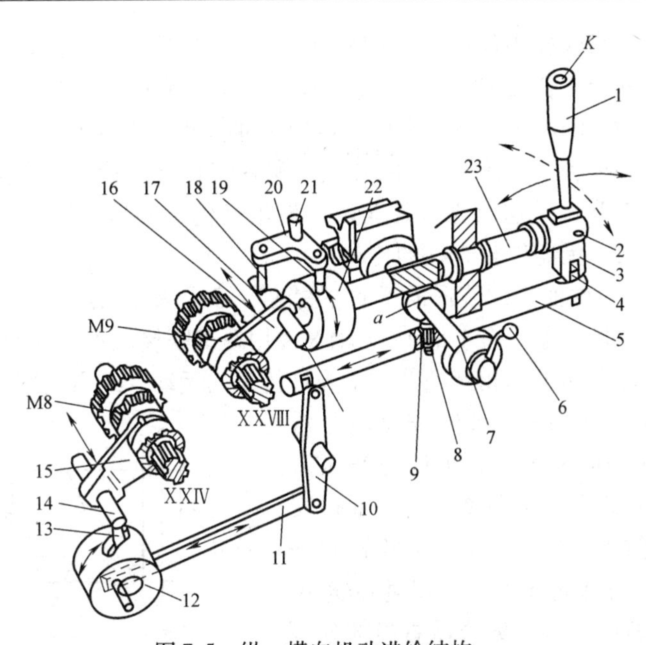

图7-5 纵、横向机动进给结构

1、6—手柄 2—销钉 3—手柄座 4、8、9—球头销 5、7、14、17、23—轴 10、20—杠杆 11—连杆 12、22—凸轮 13、18、19—销钉 15、16—拨叉 21—轴销

间位置。

当手柄扳至左、右、前、后任一位置，如按下装在手柄1顶端的按钮 *K* 则快速电动机起动，刀架便在相应方向上快速移动。

7.1.5 安全离合器、超越离合器和双向多片式摩擦离合器

安全离合器的作用，是当进给阻力过大或刀架移动受阻时，能自动断开机动进给传动链，使刀架停止进给，避免传动机构损坏。

超越离合器的作用，是在机动慢进和快进两个运动交替作用时，能实现运动的自动转换。

双向多片式摩擦离合器的作用，是实现主轴起动、停止、换向及过载保护。

在溜板箱中的轴XXⅡ上，安装有单向超越离合器（图7-6中的M6）和安全离合器（图7-6中的M7）。

超越离合器的结构如图7-6中的*A—A*断面所示。它由星形体1、三个圆柱滚子2、三个弹簧4以及带齿轮的外环5组成。外环空套在星形体上，当慢速运动由轴XX经齿轮副使外环按图示方

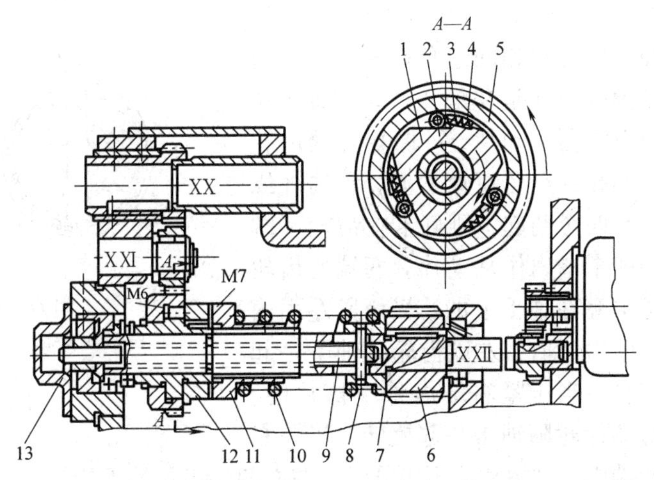

图7-6 安全离合器、超越离合器和双向多片式摩擦离合器

1—星形体 2—圆柱滚子 3—弹簧销 4、10—弹簧 5—外环 6—齿轮 7—弹簧座 8—横销 9—拉杆 11、12—螺旋形齿爪 13—螺母

向逆时针旋转时，依靠摩擦力能使滚子楔紧在外环5与星形体1之间，带动星形体一起转动。并把运动传给安全离合器M7，再通过花键传给轴ＸＸⅡ、实现正常的机动进给。当按下快速电动机按钮时，轴ＸＸⅡ及星形体1得到一种与外环转向相同，而转速快得多的旋转运动。这时滚子与外环和星形体之间的摩擦力，使滚子向楔形槽的宽端滚动，从而脱离外环与星形体之间的传动联系。这时光杠ＸＸ及齿轮虽然仍在旋转，但不再传动轴ＸＸⅡ。因此，刀架快速移动时，无需停止光杠的传动。

安全离合器M7由端面带螺旋形齿爪的左右两半部12和11组成。其左半部12用键固定在超越离合器的星形体1上，右半部11与轴ＸＸ用花键联接。正常工作时，在弹簧10的压力作用下，离合器左右两半部相互啮合。由光杠传来的运动，经齿轮副、超越离合器和安全离合器传至轴ＸＸⅡ和蜗杆。此时安全离合器螺旋齿面上产生的轴向分力$F_{轴}$小于弹簧压力（如图7-7所示）刀架上的载荷增大时，通过安全离合器齿爪传递的转矩，以及产生的轴向分力都将随之增大。当轴向分力$F_{轴}$超过弹簧10（如图7-7所示）的压力时，离合器右半部分将压缩弹簧而向右移动，与左半部分脱开，安全离合器打滑，于是机动进给传动链断开，刀架停止进给。过载现象消除后，弹簧使安全离合器重新自动接合，恢复正常工作。

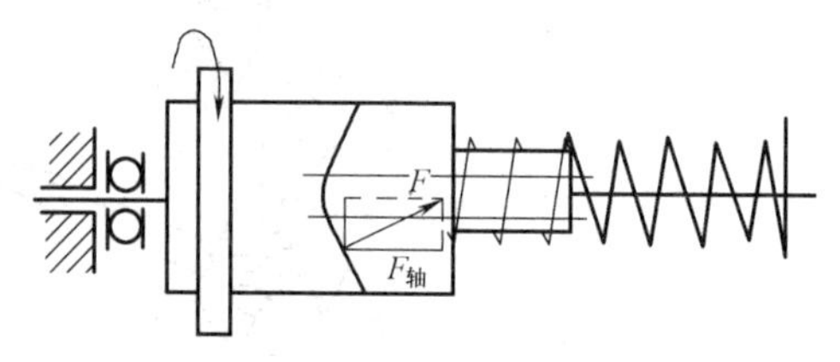

图7-7　安全离合器工作原理

机床许用的最大进给力，可以通过对弹簧的调定压力来控制。利用图7-6中的螺母13，通过拉杆9和横销8调整弹簧座7的轴向位置，即可调整弹簧的压力大小。

双向多片式摩擦离合器的结构如图7-8所示。它由若干内摩擦片和外摩擦片相间地套在轴Ⅰ上，内摩擦的内孔是花键孔，套在轴Ⅰ花键上作为主动片，外摩擦片的内孔是圆孔，空套在轴Ⅰ上。它的外缘上有四个凸起，刚好卡在齿轮一端的四个槽内作从动片。两端的齿轮是空套在轴Ⅰ上的，当压紧左面内外摩擦片时，左端齿轮随轴Ⅰ一起旋转。当压紧右端内外摩擦片时，右端齿轮随轴Ⅰ一起旋转；当左右两端内外摩擦片均不压紧时，左右两端齿轮均不旋转。

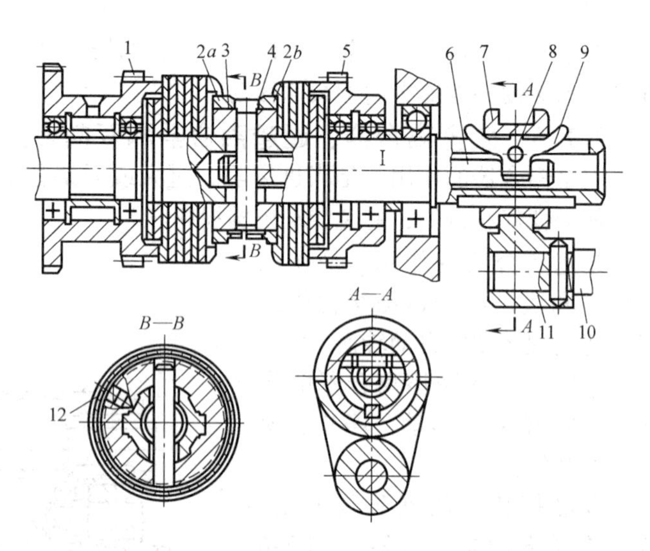

图7-8　双向多片式摩擦离合器

1—双联齿轮　2—螺母　3—花键压套　4、8—销子　5—空套齿轮　6—杆　7—滑套　9—摆杆　10—齿条轴　11—齿条　12—定位销

7.1.6　闸带式制动装置及其操纵机构

闸带式制动装置的作用是：在摩擦离合器脱开、主轴停转过程中，用来克服主轴箱各运动件的惯性，使主轴迅速停止转动，以缩短制动时间，其结构如图7-9所示。它主要

由制动轮7、制动带6和杠杆4等组成。制动轮7是一钢制圆盘，与传动轴Ⅳ用花键联接。制动带钢带的内侧固定着一层铜丝石棉，以增加摩擦因数。制动带绕在制动轮上，它的一端通过调节螺钉5与主轴箱体1联接，另一端固定在杠杆4的上端。杠杆通过操纵机构可绕轴3摆动，使制动带处于拉紧或放松状态，主轴便得到及时制动或松开。

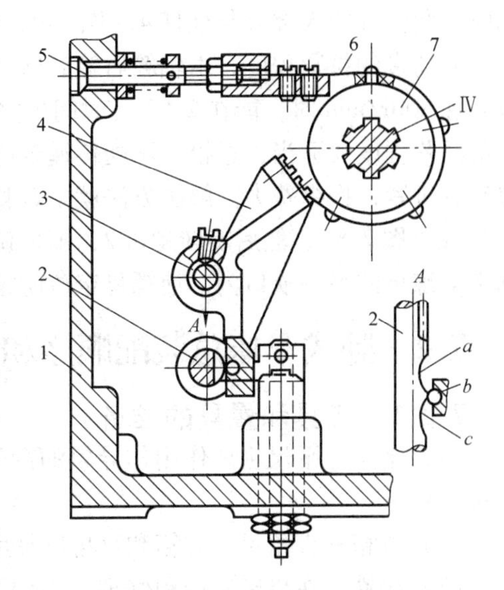

图7-9　闸带式制动装置
1—主轴箱体　2、3—轴　4—杠杆
5—调节螺钉　6—制动带　7—制动轮

制动装置和摩擦离合器是联动操作的，其操纵机构如图7-10所示。当向上扳动手柄6（图7-10）时，轴10（图7-10）和齿扇11（图7-10）顺时针转动，这主要是由于7、8和9（图7-10）零件组成的杠杆机构的作用。传动齿条轴12（图7-10）及固定在其左端的拨叉13（图7-10）右移，拨叉又带动滑套3（图7-10）右移时，依靠其内孔的锥形部分将摆杆9（图7-8）的右端下压，使它绕销子8（图7-8）顺时针摆动。其下部凸起部分便推动装在轴Ⅰ内孔中的杆6（图7-8）向左移动，再通过固定在杆6（图7-8）左端的销子4（图7-8），使花键压套3（图7-10）和螺母2*a*（图7-8）向左压紧左面一组摩擦片，将定套双联齿轮1与轴Ⅰ联接，于是主轴起动沿正向旋转。若要使主轴起动沿反方向旋转时，只要向下扳动手柄时，齿条轴10（图7-8）带动滑套7（图7-8）左移，摆杆9（图7-8）逆时针摆动，杆6（图7-8）向右移动，带动花键压套3（图7-8）和螺母2*b*（图7-8）向右压紧右面一组摩擦片。将空套齿轮5（图7-8）与轴Ⅰ联接就行了。若要主轴停止旋转，将手柄6（图7-10）扳至中间位置，齿条轴12（图7-10）和滑套3（图7-10）也都处于中间位置，双向摩擦离合器的左右两组摩擦片都松开，传动链断开就行了。此时，齿条轴12（图7-10）上的凸起部分压着制动器杠杆的下端，将制动带6（图7-9）拉紧，于是主轴被制动，迅速停止旋转。而当齿条轴移向左端或右端位置，使摩擦离合器接合，主轴起

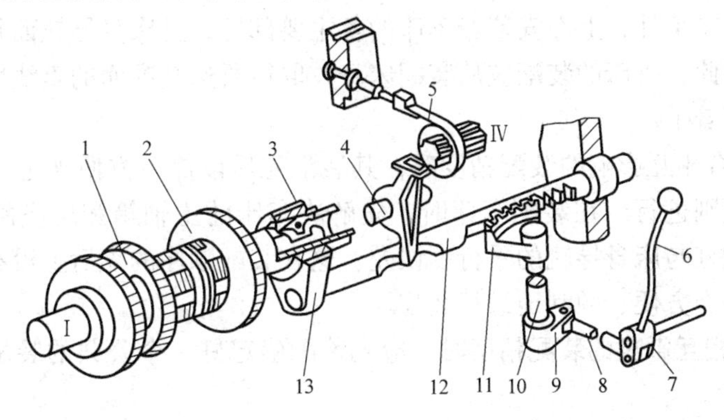

图7-10　制动装置和摩擦离合器的联动操作机构
1—双联齿轮　2—空套齿轮　3—滑套　4—销子　5—杆　6—手柄
7、8、9—杠杆机构　10—轴　11—齿扇　12—齿条轴　13—拨叉

动时，圆弧开凹人部分与杠杆4（图7-9）接触、制动带松开、主轴不受制动作用。

制动带的拉紧程度，由轴箱后箱后壁上的调节螺钉5（如图7-9所示）进行调整。在主轴转速300r/min时，能在2~3转时间内完全制动，而开机时制动带将完全松开。内外摩擦片的压紧程度要适当，过松，不能传递足够的转矩，摩擦片易打滑发热，主轴转速降低甚至停转，过紧，操纵费力。解决方法就是调整摩擦片间的间隙，先将定位销12压出螺母2的缺口（见图7-8），然后旋转螺母2，即可调整摩擦片间的间隙。调整后，让定位销弹出，重新卡入螺母的另一缺口内，使螺母定位防松。

7.2　卧式车床总装配顺序和工艺要点

7.2.1　工具和量具的准备

（1）平尺　平尺主要作用作导轨的刮研和测量的基准。主要有桥形、平行平尺及角形平尺三种。

（2）方箱和直角尺　方箱和直角尺是用来检查机床部件之间的垂直度误差的重要工具。

（3）垫铁　在机床制造和修理工作中，垫铁是一种检验导轨精度的通用工具，主要用作水平仪及百分表架等测量工具的垫铁。

（4）检验棒　检验棒主要用来检查机床主轴套筒类零件的径向圆跳动误差、轴向窜动误差、同轴度误差、平行度误差、主轴与导轨的平行度误差等，是机床维修工作中常备的工具之一。

（5）检验桥板　检验桥板是检查导轨面间相互位置精度的一种工具，一般与水平仪结合使用。按照不同形式的导轨，可以做成不同结构的检验桥板。

（6）水平仪　水平仪是机床维修中最常用的测量仪器，主要用来测量导轨在垂直平面内的直线度误差、工作台面的平面度误差及零件间的垂直度和平行度等误差。一般有条形水平仪、框式水平仪和合像水平仪等。

7.2.2　装配顺序的确定原则

车床零件经过补充加工，装配成组件、部件（如主轴箱、进给箱、溜板箱）后即进入总装配。其装配顺序，一般可按以下原则进行：

1）首先选择正确的装配基面。对于CA6140来说，这种基面就是床身的导轨面，因为床身是车床的基准支承件，上面安装着车床的各主要部件，且床身导轨面是检验机床各项精度的检验基准。因此，机床的装配应从装配床身并取得所选基准面的直线度误差、平行度误差及垂直度误差等着手。

2）在解决没有相互影响的装配精度时，其装配先后以简单方便来定。一般可按先下后上、先内后外的原则进行。在装配车床时，先解决车床的主轴箱和尾座两顶尖的等高度误差，或者先解决丝杠与床身导轨的平行度误差，这在装配顺序的先后上没有多大关系的，问题是在于能否简单、方便、顺利地进行装配。

3）在解决有相互影响的装配精度时，应先装配确定好一个公共的装配基准，然后再按次达到各有关精度。

7.2.3　控制装配精度时应注意的几个因素

为了保证机床装配后达到各项装配要求，在装配时必须注意以下几个因素的影响，并在工艺上采取必要的补偿措施。

（1）零件刚度对装配精度的影响 由于零件的刚度不够，装配后受到机件的重力和紧固力而产生变形。例如在车床装配时，将进给箱、溜板箱等装到床身后，床身导轨的精度会受到重力影响而变形。因此，必须再次校正其精度，才能继续进行其他的装配工序。

（2）工作温度变化对装配精度的影响 机床主轴与轴承的间隙，会随温度的变化而变化，一般都应调整到使主轴部件达到热平衡时具有合理的最小间隙为宜。机床精度一般都是指机床在冷车或热车（达到机床热平衡的状态）状态下都能满足的精度。由于机床各部位受热温度不同，将使机床在冷车的几何精度与热车的几何精度有所不同。实验证明，机床的热变形状态主要决定于机床本身的温度场情况。对车床受热变形影响最大的是主轴轴心线的抬高和在垂直面内的向上倾斜，其次是由于机床床身略有扭曲变形规律，对其公差带进行不同的压缩。

（3）磨损的影响 在装配某些组成环的作用面时，其公差带中心坐标，应适当偏向有利于抵偿磨损的一面。这样可以延长机床精度的使用期限。例如车床主轴顶尖和尾座顶尖对溜板移动方向的等高度，就只许尾座高。车床床身导轨在垂直平面内的直线度误差，只许凸。

7.2.4 卧式车床总装顺序及其工艺要点

1. 将床身装到床腿

（1）将床身装到床腿上时，必须先做好结合面的去毛刺倒角工作，以保证两部件的平整结合，避免在紧固时产生床身变形的可能，同时在整个结合面上垫以纸垫防漏。

（2）床身已由磨削来达到精度，将床身置于可调的机床垫铁上（垫铁应安放在机床地脚螺孔附近），用水平仪指示读数来调整各垫铁，使床身处于自然水平位置，并使溜板用导轨的扭曲误差最小。各垫铁应均匀受力，使整个床身搁置稳定。

（3）装配过程中一律不允许用地脚螺钉对导轨进行精度调整。

2. 床身导轨的精度要求

床身导轨是确立车床主要部件位置和刀架运动的基准、也是总装配的基准部件，应予以重视。

（1）溜板用导轨的直线度允差，在垂直平面内，全长 0.02mm，在任意长 250mm 测量长度上的局部允差为 0.0075mm，只许凸。

（2）溜板用横向导轨应在同一平面内，水平仪的变化允差：全长为 0.04mm/1000mm。

（3）尾座移动对溜板移动的平行度允差，在垂直和水平面内全长均为 0.03mm，在任意 500mm 测量长度上的局部允差均为 0.02mm。

（4）床身导轨在水平面内的直线度允差，在全长上为 0.02mm。

（5）溜板用导轨与下滑面的平行度允差全长为 0.03mm，在任意 500mm 测量长的局部允差为 0.02mm，只许车头处厚。

（6）导轨面的表面粗糙度值，磨削时高于 $R_a 1.6\ \mu m$。

3. 溜板的配制和安装前后压板

溜板部件是保证刀架直线运动的关键。溜板上、下导轨面分别与床身导轨和刀架下滑座配刮完成。溜板配刮步骤如下：

（1）将溜板放在床身导轨上，以刀架下滑座的表面 2、3 为基准，配刮溜板横向燕尾导轨表面 5、6，如图 7-11 所示。

表面5、6刮后应满足对横向导轨与丝杠孔 A 的平行，其误差在全长上不大于0.02mm。测量方法是在 A 孔中插入检验心轴，百分表吸附在角度平尺上，分别在心轴上母线及侧母线测量其平行度误差。

（2）修刮燕尾导轨面7，保证其与表面6的平行度要求，以保证刀架横向移动的顺利。可以用角度平尺或下滑座为研具的刮研。用下列方法检查：将测量圆柱放在燕尾导轨两端，用千分尺分别在两端测量，两次测得读数差就是平行度误差，在全长上不大于0.02mm（如图7-12所示）。

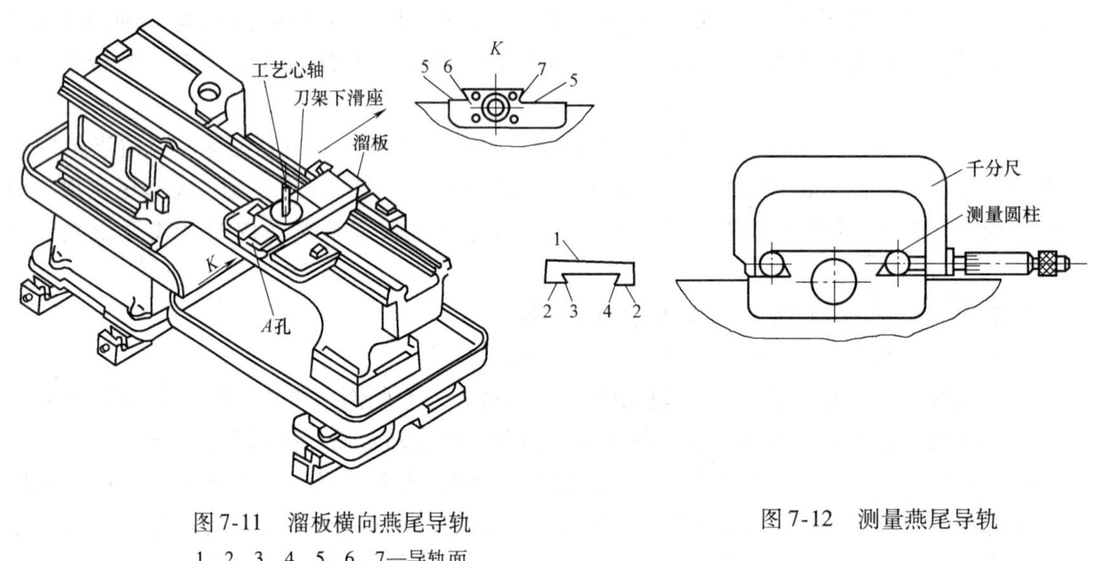

图7-11 溜板横向燕尾导轨
1、2、3、4、5、6、7—导轨面

图7-12 测量燕尾导轨

（3）配镶条的目的是使刀架横向进给时有准确间隙，并能在使用过程中，不断调整间隙，保证足够寿命。镶条按导轨和下滑座配刮，使刀架下滑座在溜板燕尾导轨全长上移动时无轻重或松紧不均匀的现象。并保证大端有10~15mm调整余量。燕尾导轨与刀架下滑座配合表面之间用0.03mm塞尺检查，插入深度不大于20mm。

（4）配刮溜板下导轨时，以床身导轨为基准刮研溜板与床身配合的表面至接触点10~12点/（25×25mm），并检查溜板上、下导轨的垂直度误差。测量时，先纵向移动溜板，校正床头放的三角形直尺的一个边与溜板移动方向平行。然后将百分表移放在刀架下滑座上，沿燕尾导轨全长上向后方移动，要求百分表读数由小到大，即在300mm长度上允差为0.02mm。超过公差时，刮研溜板与床身结合的下导轨面，直至合格。

刮研溜板下导轨面达到垂直度要求的同时，还要保证溜板箱安装面在横向与进给箱、托架安装面垂直，要求公差为每100mm长度上为0.03mm。在纵向与床身导轨平行，要求在溜板箱安装面全长上百分表最大读数差不得超过0.06mm。

溜板与床身的拼装，主要是刮研床身的下导轨面及配刮溜板两侧压板。保证床身上、导轨面的平行度要求，以达到溜板与床身导轨在全长上能均匀结合，平稳地移动，加工时能达到合格的表面粗糙度。

如图7-13所示，装在两侧压板并调整到适当的配合，推开溜板，根据接触情况刮研两侧压板，要求接触点为6~8点/（25×25mm）。全部螺钉调整紧固后，用200~300N的力推动溜板在导轨全长上移动无阻滞现象。用0.03mm塞尺检查密合程度，插入深度不大于10mm。

4. 齿条

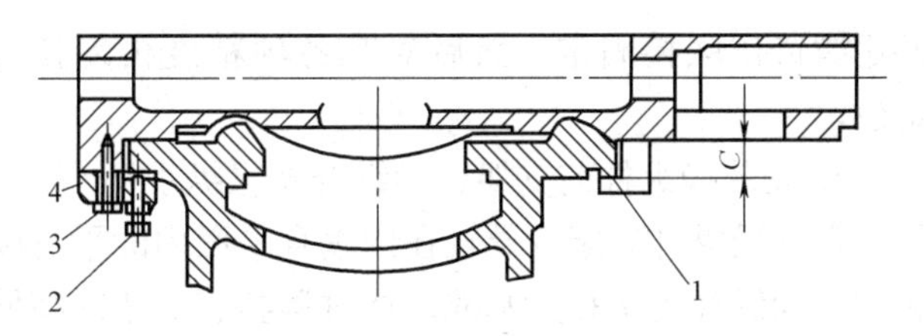

图 7-13　溜板与床身的拼装
1—内侧压板　2—调节螺钉　3—紧固螺钉
4—外侧压板

用夹具把溜板箱试装在装配位置，塞入齿条，检验溜板箱纵向进给，用小齿轮与齿条的啮合侧隙大小来检验。正常的啮合侧隙应在 0.08mm。在侧隙大小符合要求后，即可将齿条用夹具夹持在床身上、钻、攻床身螺纹和钻、铰定位销孔，对齿条进行固定。此时要注意两点：齿条在床身上的左右位置，应保证溜板箱在全部行程上能与齿条啮合。由于齿条加工工艺的限制，车床整个齿条大多数是由几根短齿条拼接装配而成。为保证相邻齿条接合处的齿距精度，必须用标准齿条进行跨接校正。校正后在两根相接齿条的接合端面处应有 0.1mm 左右的间隙。

5. 安装进给箱、溜板箱、丝杠、光杠及后支架

进给箱、溜板箱、丝杠、光杠及后支架装配的相对位置要求，应使丝杠两端支承孔中心线和开合螺母中心线对床身导轨的等距误差小于 0.15mm。用丝杠直接装配校正，工艺要点如下：初装方法，首先用装配夹具初装溜板下，并使溜板箱移至进给箱附近，插入丝杠，闭合开合螺母，以丝杠中心线为基准来确定进给箱初装位置的高低。然后使溜板箱移至后支架附近，以后支架位置来确定溜板箱进出的初装位置。进给箱的丝杠支承中心线和开合螺母中心线，与床身导轨面的平行度误差，可通过校正各自的工艺基准面与床身导轨面的平行度误差来取得。溜板箱左右位置的确定，应保证溜板箱齿轮，有横丝杠齿轮具有正确的啮合侧隙，其最大侧隙量应使横进给手柄的空装量不超过 1/3 转为宜。同时，纵向进给手柄空转量也不超过 1/3 转为宜。安装丝杠、光杠时，起左端必须与进给箱轴套端面紧贴，右端与支架端面露出轴的倒角部位紧贴。当用手旋转光杠时，能灵活转动和忽轻忽重现象，然后再开始用百分表检验调整。装配精度的检验如图 7-14 所示。用专用检具和百分表，开合螺母放在丝杠中间位置，闭合螺母，在Ⅰ、Ⅱ、Ⅲ位置（近丝杠支承和开合螺母处）的上母线 *B* 和侧母线 *A* 上检验。为消除丝杠弯曲误差对检验的影响，可旋转丝杠 180°再检验一次，各位置两次读数代数和之半就是该位置对导轨的相对距离。三个位置中任意两位置对导轨相对距离之最大值，就是等距的误差值。

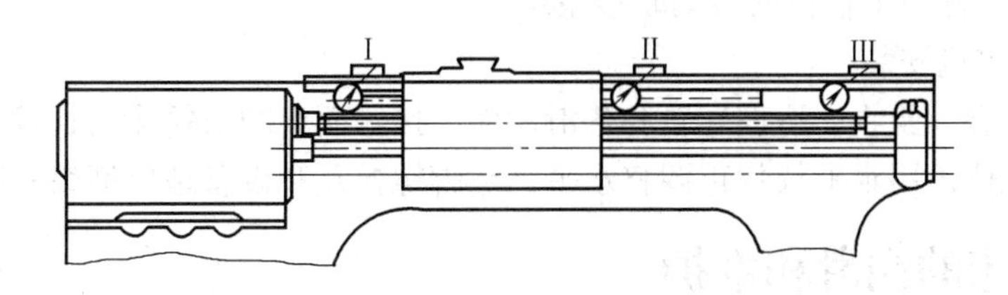

图 7-14　安装进给箱、溜板箱、丝杠、光杠等

装配时公差的控制，应尽量压缩在精度所规定公差的 2/3 以内，即最大等距误差应控制在 0.1 之内。取得精度的装配方法，在垂直平面内是以开合螺母孔中心线为基准，用调整进给箱和后支架丝杠支承孔的高低位置来达到精度要求。在水平面内是以进给箱的丝杠支承孔中心线为基准、前后调整溜板箱的进出位置来达到精度要求。然后即可进行钻孔、攻螺纹，

并用螺钉作联接固定。然后对其各项精度再复校一次，最后即可钻铰定位销孔，用锥销定位。

6. 安装操纵杆前支架、操纵杆及操纵手柄

保证操纵杆对床身导轨在两垂直平面内的平行度要求。要保证平行度的要求，是以溜板箱中的操纵杆支承孔为基准，通过调整前支架的高低位置和修刮前支架与床身结合的平面来取得。至于在后支架中操纵杆中心位置的误差变化，是以增大后支架操纵杆支承孔与操纵杆直径的间隙来补偿。

7. 安装主轴箱

保证主轴轴线对溜板移动方向在两垂直平面内的平行度误差。要求为：在垂直平面内为0.02/300；在水平面内为0.015/300；且只许向上偏和偏向刀架。主轴轴线与尾座中心等高，只准主轴中心底于尾座中心。

8. 尾座的安装

主要通过刮研尾座底版，使其达到精度要求。

9. 安装刀架

小滑板部件装配在刀架下滑座上，如图7-15所示方法测量小滑板移动时，对主轴中心线的平行度。

测量时，先横向移动滑板，使百分表触及主轴锥孔中插入检验心轴上母线最高点。再纵向移动小滑板测量，误差在300测量长度上为0.04。若超差，通过刮削小滑板与刀架下滑座的结合面来休整。

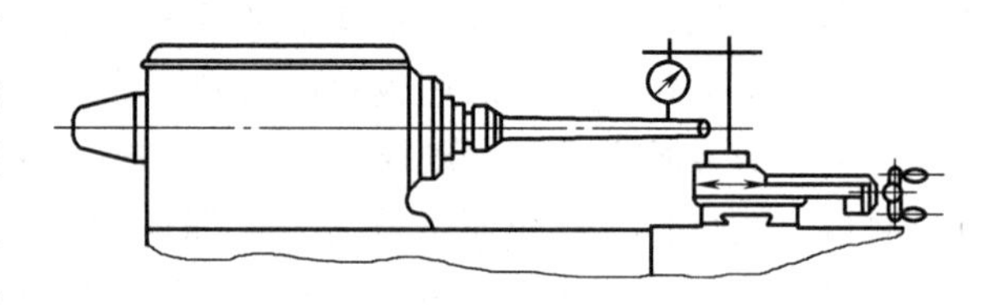

图7-15 测量小滑板移动时的平行度

10. 润滑系统的安装

车床的润滑系统包括油泵、油箱、滤油器、油管路及附件等。润滑系统用于保障机械设备运动摩擦副保持良好运行状态，要求清洁、严密、畅通、供油稳定。用压缩空气清扫。

11. 安装电动机

调整好两带轮中心平面的位置精度及V带的预紧程度。

12. 安装交换齿轮架及其安全防护装置。

13. 完成操纵杆与主轴箱的传动联接系统。

14. 车床的整机安装

设备开箱检查、验收；清理导轨和各滑动面、接触面上的防锈涂料；检查地基及预埋地脚螺栓；设备就位，用水平仪找正调整水平；地脚螺栓孔和设备地座灌浆；最后设备精平。

7.3 车床的润滑和维护

7.3.1 常用车床的润滑方式

车床的润滑，目的是减少磨损，常采用的形式有：

（1）浇油润滑 常用于外露的滑动表面，如床身导轨面和滑动导轨面等。

（2）飞溅润滑 常用于密闭的箱体中。如车床主轴箱中的转动齿轮将箱底的润滑油溅射到箱体上部的油槽中，然后经槽内油孔流到各润滑点进行润滑。

（3）油绳润滑　常用于进给箱和溜板箱的油池中。利用毛线的毛细管作用，通过毛线把油引入润滑点，间断地滴油润滑。

（4）弹子油杯注油润滑　常用于尾座、中滑板摇手柄及三杠（丝杠、光杠、开关杠）支架的轴承处。润滑时用油枪端头油嘴压下油杯上的弹子，将油注入，油嘴撤去，弹子又回原位，封住注油口，以防尘屑入内。

（5）黄油杯润滑　常用于交换齿轮箱挂轮架的中间轴或不便经常润滑处。事先在黄油杯中加满钙基润滑脂，需要润滑时，拧进油杯盖，则杯中的油脂就被挤压到润滑点中去。

（6）涂脂润滑　车床交换齿轮箱内的齿轮，可在齿上涂润滑脂进行润滑。

（7）油泵输油润滑　常用于转速高、需要大量润滑油连续强制润滑的机构。如主轴箱内许多润滑点就是采用这种方式。

7.3.2　车床日常维护的要求

为了保证车床的加工精度、延长使用寿命、保证加工质量、提前生产效率，车工除了能熟练地操作机床外，还必须学会对车床进行合理的维护和保养。

每天工作后，切断电源，对车床各表面、各罩壳、导轨面、丝杠、光杠、各操纵手柄和操纵杆进行擦拭，做到无油污、无铁屑，车床外表清洁。

每周要求保持床身导轨面和中、小滑板导轨面及转动部位的清洁、润滑。要求油眼和油管畅通、油标清晰，要清洗油绳和油毛毡，保持车床外表清洁和工作场地清洁。

主轴箱内的零件用油泵循环润滑或飞溅润滑。箱内润滑油一般每 3 个月更换 1 次。主轴箱体上有一个油标，如发现油标内无油输出，说明油泵输油系统有故障，应立即停车查断油的原因，待修复后才能开动车床。

交换齿轮箱内的齿轮，每月涂润滑一次。

交换齿轮箱内的中间齿轮轴轴承是黄油杯润滑，每月润滑一次，7 天加一次钙基脂。

进给箱内的齿轮和轴承，除了用飞溅润滑外，在进给箱上部还有用于油绳润滑的储油槽，每班应给储油槽加油一次。

溜板箱、丝杠、光杠及后支承是采用油绳润滑，必须每个班次加一次油。

尾座和中、小滑板受柄及光杠、丝杠、刀架转动部位靠弹子油杯润滑，每个班次润滑一次。

7.3.3　车床一级维护的要求

设备的保养工作，关系到设备精度、使用寿命、零件加工质量和生产效率。保养采用多级保养制，通常当车床运行 500h 后，需进行一级保养。其保养工作以操作者为主，在维修人员的配合下进行。保养时，必须先切断电源，然后按以下顺序和要求进行。

1. 主轴箱的保养

1）清洗滤油器，使其无杂物。

2）检查主轴锁紧螺母有无松动，紧定螺钉是否拧紧。

3）调整制动器及离合器摩擦片间隙。

2. 滑板和刀架的保养　拆洗刀架和中、小滑板，洗净擦干后重新组装，并调整中、小滑板与镶条的间隙。

3. 交换齿轮箱的保养

1）清洗齿轮、轴套，并在油杯中注入新油脂。

2）调整齿轮啮齿间隙。

3）检查轴套有无松动现象。

4. 尾座的保养　摇出尾座套筒，并擦净涂油，以保持内外清洁。

5. 冷却、润滑系统的保养

1）清洗冷却泵、滤油器和盛液盘和箱。

2）保证油路畅通，油孔、油绳、油毡清洁无铁屑。

3）检查油质，保持良好，油杯齐全，油标清晰。

6. 电器的保养

1）清扫电动机、电气箱上的尘屑。

2）检查电气装置有无松动。

3）检查三角带的松紧情况。

7. 外表的保养

1）清洗车床表面及各罩盖，保持其内外清洁，无锈蚀、无油污。

2）清洗三杠。

3）检查并补齐各螺钉、手柄球、受柄。

清洗擦净后，对各部件应进行必要的润滑。

习题与思考题

7-1　主轴部件是如何装配调整的？

7-2　床身导轨的精度要求有哪些？

7-3　卧式车床总装配一般需要准备哪些量具？

7-4　控制装配精度时应注意的哪几个因素？

7-5　常用车床的润滑方式有哪些？

7-6　车床主轴箱如何保养？

7-7　车床一级保养的内容是什么？

第8章 数控机床安装、调试与维护

数控机床是利用数控技术，按照事先编制好的程序，自动加工出所需要工件的机电一体化设备。数控机床按工艺用途分类为金属切削类数控机床、金属成形类数控机床、数控特种加工机床及其他类型数控机床；按运动轨迹分类为分点位控制数控机床、直线控制数控机床、轮廓控制数控机床。

数控机床在现代机械制造中，特别是在航空、船舶、汽车及计算机等众多工业中得到广泛运用。

8.1 数控机床的组成

数控机床通常由程序载体、人机交互装置、数控装置、伺服系统、检测与反馈装置、辅助控制装置、机床本体组成，其组成框图如图 8-1 所示。

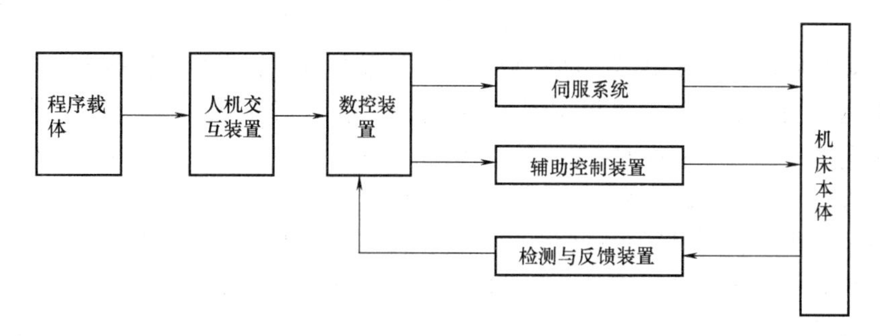

图 8-1　数控机床的组成框图

8.2 数控机床的安装、调试与验收

数控机床的安装、调试与验收是数控设备前期管理的重要环节。当数控机床运到工厂后，要进行安装、调试，并进行试运行、精度验收合格后才能交付使用。对于小型数控机床，不用再进行组装连接，只要接通电源、调整床身水平就可以投入使用。对于大中型数控机床，一般发货时都是将数控机床分解成几个部分，运抵工作位置后再进行组装和调试。

8.2.1 数控机床的安装

1. 安装地基和安装环境的要求

在安装数控机床之前，应先处理好地基。地基应有一定的质量，为避免过大的振动、下沉和变形，地基应具有足够的强度和刚度。实际操作中，根据机床说明书提供的安装地基图进行施工，同时还要考虑车床的重心位置，与机床连接的电线、管道的铺设位置，预留地脚螺栓和预埋件的位置等。一般中小型数控机床无需做单独的地基，只需在硬化好的地面上，采用活动垫铁稳定机床的床身，用支撑件调整机床的水平即可；大型、重型机床需要专门做地基；精密机床应安装在单独的地基上，在地基周围设置防振沟，并用地脚螺栓紧固。地基平面尺寸应大于机床支撑面积的外廓尺寸，并考虑安装、调试和维修所需的空间。机床的安装位置应远离焊机、高频机械等各种干扰源；应避免阳光直射并远离热辐射源；应避免粉尘环境；避免酸腐气体侵蚀；其环境温度、湿度不能过高，特别干燥的环境会使电路因为静电干扰而出现故障；对于电源电压波动幅度较大的，应该增设稳压装置等。

2. 拆箱、就位、找平

拆箱前应仔细检查包装箱外观是否完好无损；拆箱时，应先将顶盖拆掉，再拆箱壁；拆箱后，应首先找出随机携带的相关文件，并按书面清单清点机床零部件数量和电缆数量；数控机床应单箱吊运，防止冲击和振动，并严格按说明书上的吊装图进行，注意机床的重心和起吊位置，起吊时将尾座移至机床右端锁紧，同时注意使机床底座呈水平状态，防止损坏漆面、加工面及突出部件。在使用钢丝绳时，应垫上木块或垫板，以防打滑。待机床吊起离地面100～200mm时，仔细检查悬吊是否稳固，然后再将车床缓缓地送至安装位置，并通过垫铁、调整垫铁、地脚螺栓等的安装、调整其至水平。

3. 清理、组装、连接

清理导轨和各滑动面、接触面上的防锈涂料，清理时不能使用金属或其他坚硬刮具，不得用棉纱或纱布，要用浸有清洗剂的棉布或绸布。清洗后涂上机床规定使用的润滑油，并做好各外表面的清洗工作。在组装连接时，需要将立柱、数控装置柜、电气柜、等装在床身上，刀库、机械手装在立柱及床身上，这些均要使用机床原来的定位销、定位块和其他定位元件。主机装好后即可连接电缆、油管和气管，每根电缆、油管、气管接头、电气柜和各部件的插座上都有相应的标牌，再根据电气接线图、气液压管路图将电缆、管道一一对号入座。在连接电缆的插头和插座时必须仔细清洁和检查有无松动或损坏。安装电缆后，一定要把紧定螺钉拧紧，保证接触安全、可靠。同时，要注意接地，良好的接地不仅对设备和人身安全起着重要的作用，同时还能减少电气干扰，保证数控机床的正常工作。连接油管、气管时，注意防止异物从接口进入管路，避免造成整个气、液压系统发生故障。

4. 外部电缆的连接

外部电缆是指数控装置与外部MDI/CRT单元、强电柜、机床操作面板、进给伺服机构动力线与反馈线、主轴电动机动力线与反馈信号线的连接以及与手摇脉冲发生器等的连接；接地线连接；还应进行数控柜电源变压器输入电缆的连接和伺服变压器绕组抽头的连接。

8.2.2 数控车床的调试

1. 通电试车前的检查和调整

（1）检查电气柜 检查电气柜中的继电器、接触器、熔断器、伺服电动机速度控制单元插座、主轴电动机速度控制单元插座等有无松动，有紧锁机构的接插座一定要紧锁。

（2）检查数控柜 检查数控柜中的各类插座（包括接口插座），如伺服电动机反馈线插座、主轴脉冲发生器插座、手摆脉冲发生器插座、显示器插座等。如有松动要重新插好，有紧锁机构的一定要锁紧。

（3）检查电磁阀 所有电磁阀芯都应用于推动阀芯数次，以防长时间不通电造成动作不良。如发现异常，应做好记录，以备通电后确认修理或更换。

（4）检查所有开关、按钮及接线的质量。

（5）检查电源电压、频率及相序　我国供电制式是交流 380V，双相；交流 220V，单相；频率 50Hz。有的国家与我国不同，应注意使用说明书。用相序表或示波器检查输入电源的相序，输入电源的相序与设备上各处标定的电源相序应绝对一致。测量电源电压，做好记录。

（6）检查数控系统各种参数与设定值是否一致。

2. 通电试车

对于大型设备，为了安全，通常采取分别供电。接通总电源，观察无异常现象后，用手动方式陆续起动其他部件。

检查安全装置是否起作用，能否达到额定的工作指标，检查数控柜、主轴电动机及电器柜冷却风扇的转向是否正确，润滑、液压等处的油标指示以及照明灯是否正常，各熔断器有无损坏，发现异常应立即停电检修。数控柜通电测量各强电部分的电压；液压系统中有漏油现象的应立即停电修理或更换元件；还要将状态开关置于 JOG 位置、MDI 位置、ZRN 位置进行参数核对、验证回零动作的正确性、超程撞块安装的正确性、主轴任意变档、变速的测量比较、转塔或刀座的选刀试验，检查刀座或转塔的正、反转和定位精度的正确性、EDIT（编辑）功能试验及其他功能试验等。

3. 机床精度和功能的调试

1）用地脚螺栓和垫铁精调机床床身的水平，移动床身上的各运动件观察其变化，相应调整机床精度使之在公差范围内。在调整时以调整垫铁为主，必要时可稍微改变导轨上的镶条和预紧滚轮，使机床达到精度要求。

2）调整机械手、刀库和主轴的相对位置，让机床自动再手动，检查抓刀、装刀、拔刀等动作是否准确，如需调整时用心棒检测，有误差时调整机械手的行程、机械手的支座或刀库的位置。

3）检查数控系统的参数值是否符合随机资料中的规定值，然后试验各主要操作功能、运行行程、常用指令执行情况等，如手动操作方式、点动方式、自动运行方式、行程的极限保护、主轴挂挡指令和各级转速指令等，各类执行应正确无误。

4）检查机床辅助功能及附件的工作是否正常。照明灯是否亮，能否出切削液等。

5）带有 APC 工作台的机床把工作台运动到交换位置，调整托盘与交换台的相对位置，使工作台自动交换时动作平稳、可靠、正确。然后在工作台面上装有 70% ~80% 的允许负载，进行多次承载交换，达到正确无误后紧固各有关螺钉。

4. 机床试运行

数控机床在其安装调试结束后，必须对其工作可靠性进行检验，一般可通过对整机在一定条件下较长时间的自动运行状态监测来检验。根据国家标准 GB 9061—1988 的规定，数控机床连续运转试验的时间一般为 16h，加工中心为 32h。自动运行期间不应发生任何故障，如出现故障或排除故障超出规定时间，则应在调整后重新进行自动运行实验。

运行试验一般分为空运行试验和负荷试验两种。

空运行试验包括主运动和进给运行系统的空运行试验。

负荷试验包括承载工件最大质量试验、最大切削抗力试验和最大切削率试验。

8.2.3 数控车床的验收

用户根据设备生产厂检验合格证上所列验收项目及实际使用中的可能情况采取相应检验手段，全部或部分地检测各项技术指标是否符合合格证上规定的标准，这一过程称为设备验收。设备验收时，应将检测数据记入设备技术档案，作为日后维修的依据。加工设备的验收工作主要有以下几个方面：

1. 设备的几何精度检查

数控加工设备的检查通常可按通用机床的有关标准进行，使用的检测工具和方法也与普通机床几何精度检查基本类似。现以普通立式加工中心为例，其几何精度的检测内容如下

1）工作台面的平面度。

2）各坐标方向移动时的相互垂直度。

3）*X*坐标方向移动时工作台面的平行度。

4）*Y*坐标方向移动时工作台面的平行度。

5）*X*坐标方向移动时工作台T形槽侧面的平行度。

6）主轴的轴向窜动。

7）主轴孔的径向跳动。

8）主轴箱沿*Z*坐标方向移动时与主轴轴心线是平行度。

9）主轴回转轴心线对工作台面的垂直度。

10）主轴箱在*Z*坐标方向移动时的直线度等。

值得注意的是，所有验收项目和数据要求必须在签订货合同前了解清楚，没有国家标准或国际标准的，生产厂商要提供自己的供货标准。在验收过程中，使用的检测工具精度等级必须比所测的几何精度高一个等级。此外，几何精度的检测最好能在设备稍有预热的条件下进行，因此，机床通电后各移动坐标应往复运动几次，主轴也应按中速回转几分钟，然后才能进行检测，即热稳定状态下检测。

2. 定位精度的检查

设备的定位精度是表面加工设备各运动部件在数控装置下所能达到的运动精度。定位精度的主要检测内容如下：

1）直线运动定位精度。

2）直线运动重复定位精度。

3）直线运动轴机械原点的返回精度。

4）直线运动失动量的测定。

5）回转运动定位精度与重复定位精度。

6）回转轴原点的返回精度。

7）回转运动失动量的测定。

3. 切削加工精度的检查

切削加工精度的检查是指在切削加工条件下对加工设备几何精度和定位精度的综合检查。对于普通立式加工中心，其主要单项加工有：

1）镗孔精度。

2）端面铣刀铣削平面的精度。

3）镗孔的孔距精度。

4）直线铣削精度。

5）斜线铣削精度。

6）圆弧铣削精度。

对于普通卧式加工中心还有

7）箱体掉头，镗孔保证同轴度。

8）水平转台回转 90°，铣四方加工精度。

4. 设备本体性能及数控功能检查

不同类型的加工设备，其机床本体性能和数控功能的检查项目是不同的。

（1）机床本体性能检查一般主要检查主轴，要检查它在高、中、低各种速度下起动、停止、运转时是否灵活可靠，有无抖动；对于手动操作各坐标正反方向运动，并在各种进给速度下进行起动、停止、点动等，观察运动是否平稳；检查自动换刀系统的可靠性和灵活性；测定自动交换刀具的时间；测定机床的噪声不得超过国家标准 80dB；检查安全装置是否齐全可靠，如各运动坐标超程自动保护停机功能、电流过载保护功能、主轴电动机过载过负荷自动停机功能、欠压过压保护功能等。

（2）数控功能的检查要按照设备配备的数控系统说明书的规定，用手动方式或程序方式检测该设备应具备的主要功能。如快速定位、直线插补、圆弧插补、自动加减速、暂停、坐标选择、平面选择、固定循环、刀具位置补偿、行程停止、选择停机、程序结束、冷却液的起动和停止、单程序段、原点偏置、跳读程序段、程序暂停、进给速度超调、进给保持、紧急停止、程序号显示及检索、位置显示、螺距误差补偿、间隙补偿及用户宏程序等功能的准确性与可靠性。

另外还有设备的外观检查等。

8.3　数控机床的维护和保养

数控设备是一种自动化程度较高、结构较复杂的先进加工设备，是企业的重点、关键设备。要发挥数控设备的高效率，就必须正确操作和精心维护，才能保证设备的利用率。正确的操作使用能够防止机床非正常磨损，避免突发故障；做好日常维护保养，可使设备保持良好的技术状态，延缓劣化进程，及时发现和消灭故障隐患，从而保证安全运行。

8.3.1　机床本体部件

1. 主轴部件

数控机床主轴部件是影响机床加工精度的主要部件，为了保证主轴有良好的润滑，减少摩擦发热，同时又能把主轴部件的热量带走，通常采用循环式润滑系统，即用液压泵供油进行强力润滑，并在油箱中使用油温控制器控制油液温度。近年来有些数控机床的主轴轴承采用高级油脂封放方式润滑，每加一次油脂可以使用 7 ~ 10 年。这种方式简化了结构，降低了成本且维护保养简单；为防止润滑油和油脂混合，通常采用迷宫密封方式。为了适应主轴转速向高速化发展的需要，出现了很多新的润滑冷却方式。

（1）油气润滑方式　油气润滑是定时定量地把油雾送进轴承空隙中，这样既实现了油雾润滑，又不至于因油雾太多而污染周围空气。

（2）喷注润滑方式　喷注润滑是用较大流量的恒温油喷注到主轴轴承上，以达到润滑、冷却的目的。这里要特别指出的是，较大流量喷注的油不是自然回流，而是用排油泵强制排油。同时，采用专用高精度大容量恒温油箱，将油温变动范围控制在正负0.5℃。

2. 主传动链

定期调整主轴驱动带的松紧程度，防止因带打滑造成的丢转现象；检查主轴润滑的恒温油箱、调节温度范围，及时补充油量，并清洗过滤器；主轴中刀夹紧装置长时间使用后，会产生间隙，影响刀具的夹紧，需及时调整液压缸活塞的位移量。

3. 滚珠丝杠螺纹副

一般在螺纹滚道和安装螺母的壳体空间内加入润滑脂，经过壳体上的进油孔将润滑油注入螺母的空间内。每半年更换一次滚珠丝杠上的润滑脂，清洗丝杠上的旧润滑脂。用润滑油润滑的滚珠丝杠副，可在每次机床工作前加一次油。定期检查、调整丝杠螺纹副的轴向间隙，保证反向传动精度和轴向刚度；定期检查丝杠与床身的连接是否有松动；丝杠防护装置有损坏要及时更换，防止灰尘或切屑进入。

4. 刀库及换刀机械手

严禁把超重、超长的刀具装入刀库，以避免机械手换刀时掉刀或刀具与工件、夹具发生碰撞；经常检查刀库的回零位置是否正确，检查机床主轴回换刀点位置是否到位，并及时调整；开机时，应使刀库和机械手空运行，检查各部分工作是否正常，特别是各行程开关和点、电磁阀能否正常动作；检查刀具在机械手上是否可靠，发现不正常应及时处理。

5. 导轨

导轨面经过润滑后，可降低摩擦系数、减少摩擦，并且可防止导轨面锈蚀。导轨上常用的润滑剂有润滑油和润滑脂，对于滑动导轨采用前者，而对于滚动导轨两种都适用。

（1）润滑方法　一般是人工定期加油或用油杯供油。对于运动速度较高的导轨大都采用润滑泵，以压力油强制润滑。这样不但可连续或间歇供油给导轨进行润滑，而且可利用油的流动冲洗并冷却导轨表面。但是要强制润滑，必须备有专门的供油系统。

（2）导轨防护　为了防止切屑、磨粒或冷却液散落在导轨面上而引起磨损、擦伤和锈蚀，导轨面上应有可靠的防护装置。常用的有刮板式、卷帘式和叠层式防护罩，大多用在长导轨上。在机床使用过程中应防止损坏防护罩，对叠层式防护罩应经常用刷子蘸机油清理移动接缝，以避免碰壳现象的发生。

6. 液压、气压系统

液压与气压系统一般由能源装置（有液压泵和空气压缩机）、执行装置（有液压马达或气压马达）、控制装置（各种阀）和辅助装置（如油箱、过滤器、分水排水器、消声器、管道等）组成。

（1）安装　安装前应对元件进行清洗，必要时还要进行密封试验；液压泵输入轴和电动机驱动3轴的同轴度偏差应该小于0.05mm，移动缸的中心线与负载的作用力的中心线要同心；安装各种泵和阀时，必须注意各油口的位置，气阀体上有箭头方向或者标记的，不能接反和接错；电磁阀、减压阀、顺序阀等的泄油口不能有背压；按各密封件要求正确安装密封件，安装时不得损坏密封件，动密封圈不要装得太紧，尤其是U形密封圈，否则阻力会很大；液压、气压元件安装固定时，用力要适当，防止拧紧力过大使元件变形而造成漏油、漏气或者某些元件不能动作；各油管接头处要装紧和密封良好，管路及接头处不允许漏气；液压系统全部管道要进行二次安装，气动管道要支架牢固，管道的焊接要符合规定标准要求，系统中的任何一段管道均能自由拆装并有一定的安装要求。

（2）润滑、调试与维护　定期对各液压、气压系统过滤的过滤器或分滤网进行清洗或更换；定期对液压系统进行油质化验检查或更换液压油，控制油液污染。对气压系统要保证供给洁净的压缩空气；保证空气中含有适量的润滑油；保持气压系统的密封性；保证气压元件中运动零件的灵敏性；保证气压装置具有合适的工作压力和运动速度；要点检管路系统；对气动元件要定检，检查有无漏气现象等。

8.3.2　数控系统

1. 纸带阅读装置

如果阅读装置的阅读带部分有污物会使读入信息出现错误，所以操作人员应每天对阅读头表面、纸带板及纸带通道表面进行检查，用酒精纱布擦掉污物。对阅读装置的主动轮滚轴、导向滚轴、压紧滚轴等每周应定时清洗，对导向滚轴、张紧臂滚轴应每半年加注一次润滑油。

2. 保证数控柜、电气柜、空气过滤器、印制电路

散热通风系统正常工作，有灰尘、油污时，要根据使用环境定期清扫，一般情况下每 8～12 个月清扫一次。如环境潮湿、灰尘较多，每 6 个月必须清扫一次。

3. 伺服电动机

每 10～12 个月进行一次维护保养；加、减速变化频繁的机床，要每 2 个月就进行一次维护保养。定期更换伺服电动机的电刷。

4. 开关、按钮、电缆线

主要检查开关、按钮开合接触情况，电缆线移动接头、拐弯处是否出现接触不良，防止断线或短路等故障。

5. 参数存储器

部分数控系统的参数存储器采用 CMOS 元件，其存储内容在断电时靠电池供电保持。一般一年应更换一次电池，并且一定要在数控系统通电状态下进行，否则可能会使存储参数丢失，数控系统不能正常工作。

习题与思考题

8-1　数控机床是什么样的机床？用于什么场合？

8-2　数控机床是如何分类的？由哪几部分组成？

8-3　数控机床的安装对地基和环境有什么要求？

8-4　数控机床通电试车前应该检查和调整什么内容？

8-5　数控机床几何精度检查项目有哪些？

8-6　数控机床定位精度检查项目有哪些？

8-7　数控机床加工精度检查项目有哪些？

8-8　主轴部件新的润滑冷却方式是什么？

8-9　滚珠丝杠螺纹副是如何润滑维护的？

第9章

葫芦式起重机安装、调试与维护

葫芦式起重机是指以电动葫芦为起升机构的起重机。如钢丝绳电动葫芦、电动单梁桥式起重机、电动单梁桥悬挂起重机、葫芦龙门起重机、葫芦双梁式起重机等。葫芦式起重机较同吨位、同跨度的其他起重机有着结构简单、自重轻、制造成本低等优点。

国产电动单梁桥式起重机有三代产品：A571是20世纪50年代的产品、LD是70年代的产品、LDT是80年代的产品。电动单梁桥式起重机主要由三部分组成：电动葫芦、桥架和电气系统。

9.1 国产电动单梁桥式起重机电动葫芦的装调

9.1.1 电动葫芦

电动葫芦主要是由起升机构、运行机构和一个电气控制系统组成的。电动单梁桥式起重机电动葫芦的结构如图9-1所示。

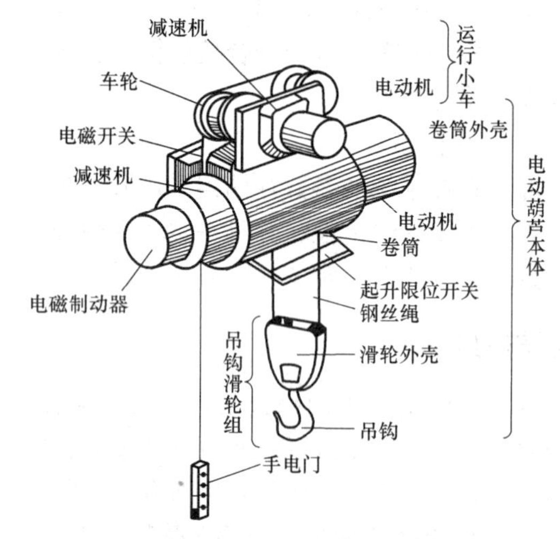

图9-1　电动葫芦的结构

起升机构又称葫芦本体，是由驱动装置——电动机，传动装置——减速器，制动装置——制动器和取物缠绕装置——钩滑轮组4个装置组成。

运行机构又称运行小车，是由驱动装置——电动机，传动装置——减速器，制动装置——制动器和车轮装置——车轮4个装置组成。

电气控制系统包括电源引入器、控制电动机正反转的磁力启动器、起升限位开关和手动按钮开关等。

电动葫芦按其年代不同分为20世纪50年代的产品TV型，70年代的产品CD型、MD型，80年代的产品AS型（德国制造）。

9.1.2 取物装置

用于成件货物的取物装置有吊钩、扎具、夹钳、电磁盘等。

9.1.3 索具

常用的索具有钢丝绳、麻绳、化学纤维绳、链条、卸扣等。

钢丝绳绳端的固定方法如图9-2所示，有编结法（图9-2a所示）、绳卡固定法（图9-2b

所示）、压套法（图 9-2c 所示）、斜楔固定法（图 9-2d 所示）、灌铅法（图 9-2e 所示）。

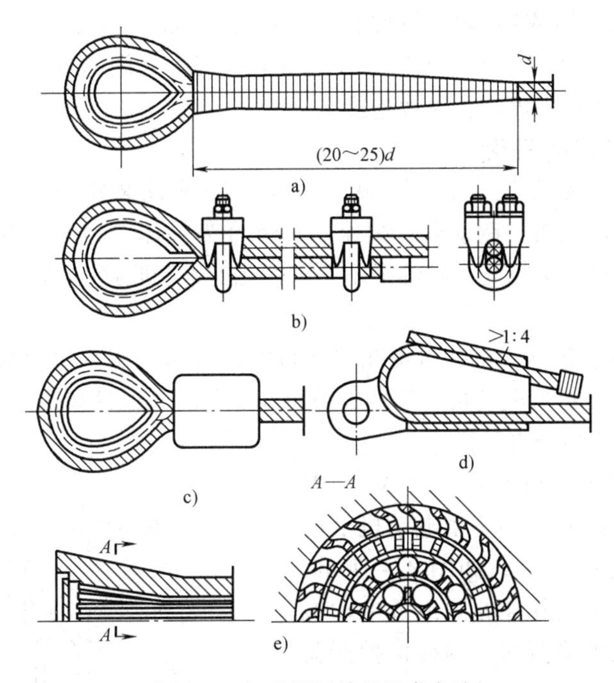

图 9-2　钢丝绳绳端的固定方法

a）编结法　b）绳卡固定法　c）压套法　d）斜楔固定法　e）灌铅法

9.2　国产电动单梁桥式起重机桥架的装调

桥架是用来支承和移动载荷，由金属结构和运行机构组成。

金属结构包括主梁、端梁及主端梁连接三部分。

运行机构由驱动装置——电动机，传动装置——减速器，制动装置——制动器和车轮装置——车轮 4 个装置组成。

LDT 型电动单梁桥式起重机的结构如图 9-3 所示。

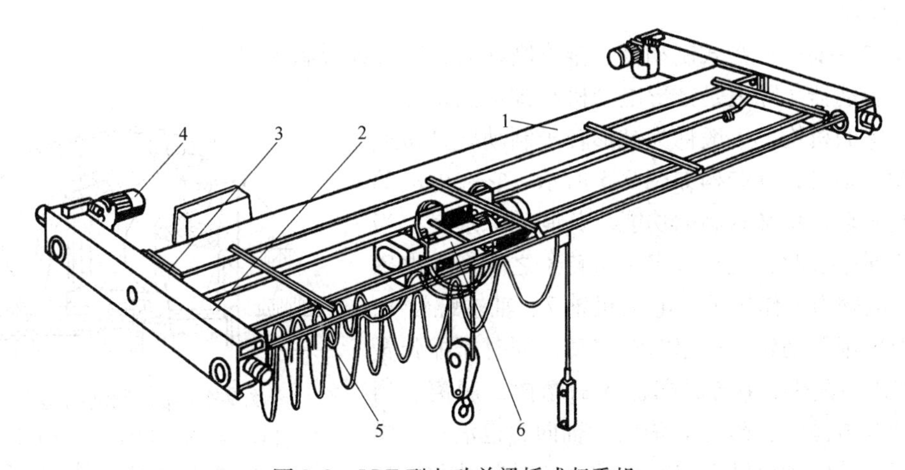

图 9-3　LDT 型电动单梁桥式起重机

1—主梁　2—端梁　3—主端梁连接　4—“三合一” 运行机构　5—扁电缆滑道操纵机构　6—AS 电动葫芦

9.2.1　金属结构的安装

主梁采用H形工字钢或箱形组焊梁结构简单，刚性好。端梁为“三合一”标准端梁，由组焊的箱形梁和“三合一”运行机构组成。主梁和端梁之间的连接为螺栓加减载凸缘连接形式，其发展方向为高强度螺栓摩擦连接。

9.2.2　运行机构的安装

运行机构为端齿连接式“三合一”，由“三合一”驱动装置与车轮装置构成。“三合一”驱动装置由锥形电动机、制动器、减速器三者合为一体，为不可拆分的整体。端齿与车轮装置通过螺栓联接。车轮与车轮轴采用先进的无键锥套联接，车轮为球墨铸铁。

1. 电动机

葫芦式起重机的起升电动机和电动葫芦运行电动机是采用带法兰盘的笼型全封闭电动机，其大车（起重机）运行电动机多数也是采用笼型电动机，只有在运行速度高于45m/min的情况下，才选用绕线转子电动机。

近年来我国引进国外技术生产的AS型电动葫芦，其起升用的锥形转子笼型电动机上还装有温控双金属片保护开关，如图9-4所示。当电动机由于过载使用或其他原因造成电动机温升达到允许的最大极限值时，温控保护开关能自动断开电动机电源。当电动机温度下降到可以工作的条件时，温控保护开关又自动将电源电路接通。这种温控保护开关是在电动机制造过程中预埋在定子线圈中的，它可保证电动机在正常温度条件下工作、安全正常运转并延长电动机的使用寿命，是一种较先进的安全保护措施。

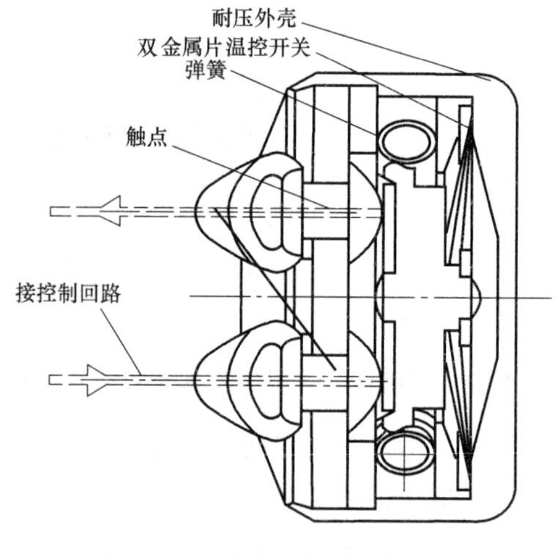

耐压外壳
双金属片温控开关
弹簧
触点
接控制回路

图9-4　温控双金属片保护开关

葫芦式起重机所使用的电动机均不能在电源电压低于额定工作电压值的90%以下使用。

2. 制动器

制动器主要有：盘式制动器、锥形制动器、钳式锥形制动器。

锥形制动器实际上是锥形电动机与锥形制动器二者融为一体的机构，一般称为锥形转子制动电动机或锥形制动电动机，其结构如图9-5所示。它在电动葫芦上既起驱动作用又有制动功能。其制动原理是：当电动机接通电源时，电动机定子与转子之间产生电磁力F，在电磁力的作用下，电动机轴7、轴端螺钉1、螺母2及风扇制动轮3一起向右移动，同时压缩弹簧8，此时制动摩擦片4与后端盖6的摩擦面脱离。当电动机断开电源时，磁力F消失，轴向力也消失，弹簧8伸张，使电动机轴7向左移动，同时制动摩擦片4与后端盖6的摩擦面紧密接触，达到制动的要求。

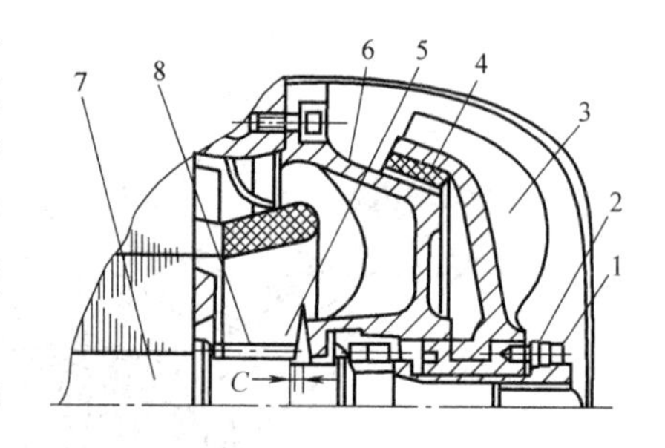

图9-5　锥形制动电动机

1—螺钉　2—紧固螺母　3—风扇制动轮　4—制动摩擦片　5—锥形制动环　6—后端盖　7—电动机轴　8—弹簧

电动葫芦的载荷制动器在额定载荷下制动时，载荷下滑距离若超过1/100额定起升速度时，制动应进行调整。调整时，先将轴端螺钉1拆下，再旋转紧固螺母2，调整后要试车观察电动机轴的窜动量，一般窜动量为1.5mm为宜。当反复调整载荷下滑距离仍达不到要求时，应检查制动摩擦片是否已达到报废标准。当制动摩擦片磨损达原厚度的50%或磨损量超过了电动机轴允许的最大调整量时，应更换制动摩擦片4。

葫芦式起重机运行机构的制动器及电动葫芦的运行小车，一般也都采用锥形制动电动机。葫芦式起重机所使用的电动机，其电源的接通与切断都要通过接触器来实现。接触器具有失压保护作用，当电源电压过低时，接触器铁心磁力过小，接触器合不上闸（或掉闸）。当电源电压恢复正常时，电动机不能自行起动，仍需按动按钮开关使接触器触点闭合才能起动电动机。接触器的失压保护作用可防止意外事故的发生。

9.3 国产电动单梁桥式起重机电气系统的装调

9.3.1 低压控制回路的安全作用

葫芦式起重机的电气线路目前大致有两种，一种是主回路与控制回路都是380V或220V电压。另一种是主回路与控制回路电压不同，控制回路的电压为安全电压36V或42V。

葫芦式起重机大多数是采用手动按钮（手电门）的地面操作形式，而且没有固定的操作者，平时操作者穿戴电气安全防护用品，也不方便工作，一旦手电门或电缆有漏电现象，容易触电。为了人身安全起见，控制回路采用低压电路的方式，起重机也要安全接地，一般在变压器低压一侧接地，以确保安全。

9.3.2 电源引入的安全防护

葫芦式起重机的电源引入方式有软缆引入和滑触式集电器引入两种。滑触式集电器又分滑块集电器、滑轮集电器、燕尾状集电器等。

在易燃、易爆的工作环境中适于采用软缆引入的方式，但软缆引入的方式适用于起重机运行距离小于50m的情况下，当运行距离过长时，电缆太长、重量很大，给安装架设带来困难。为此必须采用电缆卷筒或其他有效措施。采用软缆引入方式时，应根据软缆长度合理选择软缆线截面大小，防止软缆太长电压压降过大。另外应在安装中，采取相应措施防止软缆被外部机械拉、挂、挤压，特别注意杜绝软缆使用中被拉断的情况发生。

滑触式集电器引入电源的方式适用于起重机运行距离较长的场合，滑触式集电器在起重机运行过程中，集电滑块（或滑轮）与电源滑线间接触不良易产生电火花，而起重机在运行过程中有时吊钩会由于惯性而游摆，一旦吊钩或钢丝绳碰到电源滑线，起重机便会因带电而造成触电伤害事故，同时很容易由于电火花而损坏钢丝绳或吊钩。凡采用滑触式集电器引入电源的起重机，必须设置防护板。凡有司机室的起重机，其司机室的位置应装设在起重机远离电源滑线的一端。当司机室位于电源滑线同一端时，同向起重机的梯子和走台与滑线间均应设置防护板。

9.3.3 错相保护

电动葫芦在修理过程中如果将电源线错相连接，这样在按手电门的“下降”按钮时，吊具会上升，且上升到极限位置时限制器不起作用，容易造成事故。这是由于电动机的三相电源线错相后，电动机的正反转向与拆修前恰好相反，按“上升”变成吊具下降，按“下降”变成吊具上升。为了避免意外事故，应在设计上升极限位置限制器时，在限制器上增加一对开关触头，当第一对（上升限制触头）触头不起作用时，吊具继续上升就打开第二对触头，使电动机电源切断。这样即使电动机错相接线，也不会造成事故。一般电动葫芦均设有上升极限位置限制器。

目前我国引进技术生产的AS型电动葫芦，在设计上就考虑了错相保护。具有错相保护功能的上升极限位置限制器是较理想的安全保护装置。

9.4　国产电动单梁桥式起重机整机的装调与维护

起重机的安装方法很多，现在多用流动式起重机安装。以下详细介绍此种安装方法。

9.4.1　安装前的准备

配备必要的工作人员、技术人员、协作人员；准备所需要的工具、材料、三相电源；验收制造厂的装箱明细表、设备明细表及其他技术文件，检查验收合格后，准备安装。

9.4.2　桥架的安装

主要有桥架安装技术要求、小车架安装技术要求、铺设轨道技术要求。具体操作方法和步骤可参照使用说明书。

计算好电动单梁桥式起重机整机组装好以后的质心位置，选择好吊点和绑扎的方法以流动式起重机的起吊位置和电动单梁桥式起重机在空中的回转就位的位置。当流动式起重机起重量小于整机质量时，采用分片起吊的方式，将两片主梁吊到大车轨道上，再在轨道上组装，然后将小车吊到小车轨道上就位。

9.4.3　附件的安装

1. 走台栏杆、端梁栏杆、操纵室、梯子及吨位品牌的安装。

如图9-6所示，走台栏杆安装于走向两侧边缘的角钢上，两端与端梁伸出板相连，并进行焊接。

端梁栏杆安装于端梁上，并与端梁焊接。

操纵室（司机室）安装于主梁下部有走台舱口的一侧；先将各连接件定好正确位置焊于主梁下盖板及走台板下方，再吊装操纵室，用8个M20×55螺栓、垫圈$\phi20$、M20螺母联接。

操纵室梯子安装于操纵室内通入走台舱口，梯子上下端分别与操纵室及舱口焊接。

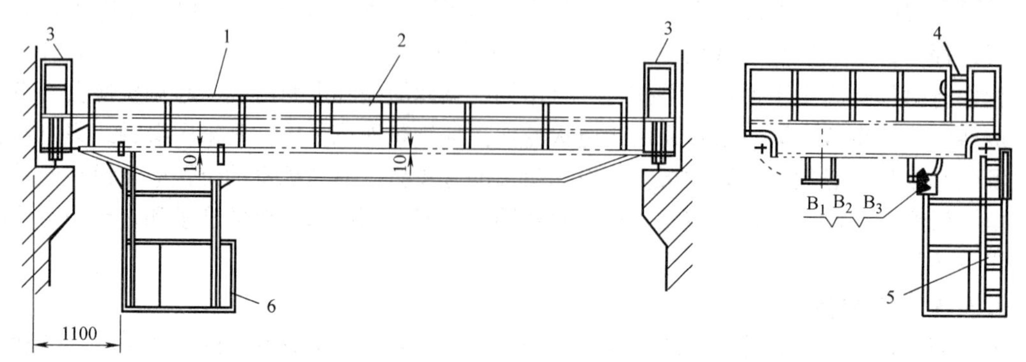

图9-6　走台栏杆、端梁栏杆、操纵室、梯子及吨位品牌

1—走台栏杆　2—吨位品牌　3—端梁栏杆　4—栏杆门

5—梯子　6—操纵室　B_1～B_3—紧固件

吨位品牌安装于走台栏杆正中偏上位置，用螺钉或铁丝固定。为了板正安全，司机室不允许与主导线安装于同一条侧。

2. 导电线挡架的安装

起重机大车导电线挡架金属结构，安装于两片主梁的下盖板上，与主梁连接处采用焊条牢固焊接，挡架防止吊钩碰撞导电线。护木板均用铁钉钉固或螺栓联接。大车行走车轮挡架共 4 件，以排除轨道上的障碍物，分别用螺栓安装于大车行走车轮前方。

3. 小车导电轨安装

导电角钢板安装后应平直。导电架按导电角钢安装后的位置与小车架焊接，要求集电拖板与导电角钢平面接触良好。带电部分的零件与不能带电部分的零件之间的最短距离别的小于 20mm。电源与导电轨输入小车上各电动机。

4. 电源导电器、导电架的安装

电源导电器（拖板）与主电源角钢面接触良好。导电架焊接于走台角钢上。主电源由电源导电器输入电动单梁桥式起重机。起升限位开关、安全尺、挡板的安装和起升钢丝绳缠绕方法，随着额定电动单梁桥式起重机起重量的不同而不同。

电动单梁桥式起重机安装完毕后，拆除所有工装及安装设施。准备好起重机负荷实验所需的重物、仪器仪表和资料等，等候起重机作负荷实验。

9.4.4　调试、维护和保养

1. 负荷试验

内容包括空负荷试验、静负荷试验和动负荷试验。

负荷试验的目的是检查电动单梁桥式起重机的性能是否符合设计要求及有关技术规定；检查金属构件是否具有足够的强度与刚度；焊接与装配质量是否合格；传动是否可靠、平稳；安全与制动装置是否可靠、准确；轴承、电气及液压系统元器件的工作温度是否正常；各部位润滑是否良好。

2. 试车

操作电气按钮，让吊钩挂架在上升、停止、下降按钮开关作用下，进行上升、停止、下降的运行，反复运行 3～5 次，无异常情况发生即可。

3. 维护与保养

1）电动葫芦各个需要润滑的部位应有足够的润滑剂，必须有专人定期保养、检查，以免出现事故。

2）减速器和驱动装置在安装好后，加足润滑油方可使用。

3）钢丝绳在一节距长度内折断达 19 根时应立即报废更换，当钢丝绳表面有显著磨损时，钢丝绳的最大折断数适当降低。

4）限位器为保险装置，不得当作开关使用，严禁无导绳器或限位器操作，并应经常检查导绳器或限位器的灵敏度。

5）经常检查电动机与减速器之间的联轴器，发现裂纹应立即更换。

6）制动部分不可沾有润滑剂，否则会使刹车失灵。

7）电动葫芦不工作时，不允许悬挂重物，以免使零件产生永久变形。

8）工作完毕，必须拉开总开关，切断电源。

4. 交工验收

安装完毕后，办理交工手续，主要文件有：电动葫芦试车运转记录，电动葫芦交工单，电动葫芦产品保证书等。

9.5　葫芦式起重机的常见故障及排除方法

表9-1　葫芦式起重机的常见故障及排除方法

序号	常见故障	故障原因	排除方法
1	空载时电动机不能起动	1. 按钮失灵,接触不良 2. 熔断器、接触器等元件失效 3. 限位器未复位 4. 按钮接线折断	1. 修整更换有关电器元件 2. 调整或更换按钮接线
2	电动机勉强起动,噪声大或有异常声响	1. 超载过多 2. 电源电压过低 3. 制动器未完全打开 4. 接触器线圈、电路接线有断裂	1. 按额定起重量吊载 2. 调整电源电压 3. 调整制动器间隙 4. 重新接线
3	减速器传动噪声太大	1. 润滑不良,缺油 2. 传动件有损伤或磨损严重	1. 清洗、加足润滑油 2. 修整或更换齿轮、轴承等传动件
4	制动失灵或发出尖叫声	1. 电动机轴断裂 2. 锥形制动环磨损出台阶 3. 制动间隙太大 4. 电动机轴端或齿轮轴轴端紧固螺钉松动 5. 制动轮与制动环间有相对摩擦,接触不良	1. 更换电动机轴 2. 更换制动环 3. 更换制动环 4. 拧紧松动的螺钉 5. 修理制动环,使制动轮与制动环锥面相符
5	按钮动作失灵,按下不复位	1. 按钮弹簧疲劳,损坏 2. 灰尘污物过多 3. 电路断线或接头松落	1. 更换弹簧 2. 保持清洁 3. 更换电缆或重接线
6	大、小车运行中出现歪斜、跑偏、啃道、卡轨、爬轨、掉道、蛇形摆或冲击、打滑	1. 轨道安装质量不合格 2. 桥架发生变形 3. 车轮装配精度不合格 4. 车轮磨损 5. 起重机跨度与轨道跨度相差太大 6. 车轮槽与轨顶面不匹配 7. 起重机三条腿 8. 轨道质量差,接缝不合要求 9. 轨面有油污,车轮三条腿,主动轮悬空	1. 修复轨道 2. 检查矫正桥架 3. 修整车轮组 4. 更换,修理车轮 5. 调整跨度 6. 修理车轮槽 7. 修理车轮组使四轮与轨道全接触 8. 重新调整轨道 9. 清除油污、调整、修复解决三条腿或矫正桥架
7	操纵室振动,摇晃	1. 操纵室本身刚性差 2. 主梁刚性差 3. 起升、运行机构振动、冲击	1. 加强操纵室刚性,增加减振器 2. 加强主梁刚性 3. 检查起升及运行机构,解决振源
8	行程开关失灵、动作与按钮标志不符	1. 短路或接线错误 2. 电源相序接错	1. 重新接线 2. 重新接线(换相)
9	起升或运行机构漏油	1. 油封失效 2. 变速箱加油过多 3. 装配时螺栓不紧 4. 箱体变形	1. 更换油封 2. 适量加油,不宜过多 3. 重新紧固螺栓 4. 更换箱体或用不干密封胶
10	触电	1. 采用铁壳手电门 2. 非低压手电门	1. 改用塑壳手电门 2. 采用低压(36V或42V)手电门

（续）

序号	常见故障	故障原因	排除方法
11	升降限位器不限位	1. 电源相序接错 2. 接线不牢,限位杆的停止块松脱	1. 重新接线 2. 调好停止块位置,紧牢
12	大车起、制动时有明显不同步,扭动	1. 车轮踏面磨损,直径尺寸相差太大 2. 分别驱动两端面制动器间隙相差太大	1. 更换,修理车轮 2. 同一个人,调整两端制动间隙

习题与思考题

9-1　葫芦式起重机一般有哪些?

9-2　电动单梁桥式起重机的产品有哪些? 由哪几部分组成?

9-3　电动葫芦由哪几部分组成? 起升机构和运行机构由哪几部分组成?

9-4　常用的取物装置和索具有哪些?

9-5　电动单梁桥式起重机桥架的结构是怎么组成的?

9-6　错相保护的功能是什么?

9-7　小车导电轨的安装有什么要求?

9-8　葫芦式起重机调试的内容有哪些?

第10章
自动生产线设备安装、调试与维护

在自动生产线上，为了减少工人在物料分拣时的工作强度，常用物料分拣机构来执行此流程。自动生产线的工作原理是由PLC控制，用变频器驱动三相异步电动机来带动传送带，再由传感器区分不同材质的零部件，然后由换向阀推动气缸动作实现物料分拣。

以分拣金属和塑料物料为例，在此分拣系统中，要求金属物料分拣在第一槽里，塑料物料分拣在第二槽里。当料口检测到有料时，电动机先低速运行3s后再中速运行等待，在中速运转5s后如果物料没有被分拣时，电动机则以高速运行等待分拣。分捡系统的具体要求如下：

1）要求一个分拣结束之后才可再分拣下个物料。

2）料槽里满5个物料时红灯、绿灯报警，提示机械手不可再向传送带物料口放料，并且送料电动机停止（要求人工复位）。

3）当传送带料口等待物料时间超过20s时，红灯报警，再经5s后仍然无料则电动机自动停止。

4）有手动调试按钮（为起动按钮），系统可单步运行调试。

5）有系统停止按钮。

6）有急停按钮。

某自动生产线的工作流程图，如图10-1所示。

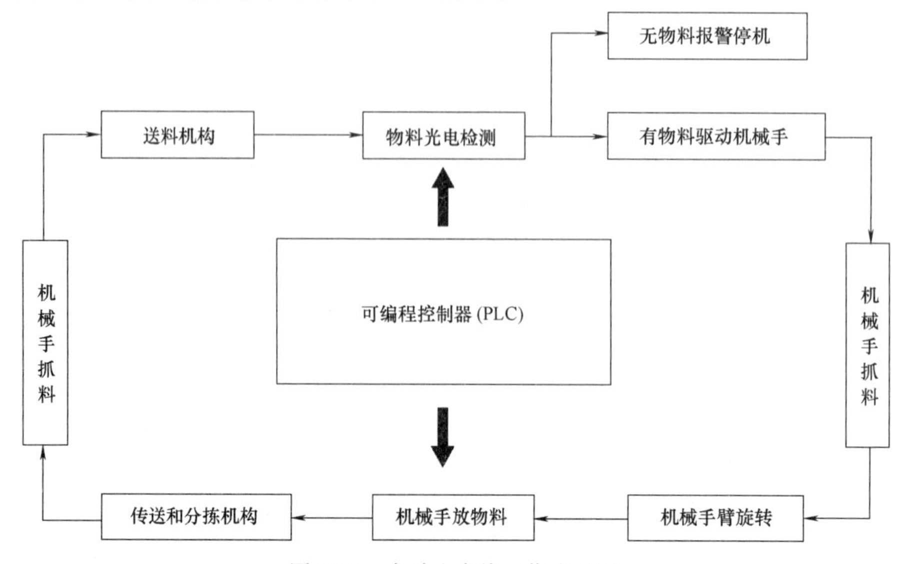

图10-1 自动生产线工作流程图

10.1　物料传送和分拣机构的装调

10.1.1　送料机构的装调

安装时：如图 10-2 所示，先将支架和驱动电动机安装在铝合金导轨实训平台、并将放料转盘安装在驱动电动机上，注意驱动电动机轴和放料转盘孔的配合；其次将提升气缸安装在支架上，并在规定的位置装上物料检测的光电漫反射型传感器和磁性传感器，将提升台固定在提升气缸上，注意与物料滑槽的连接。安装时还要注意螺纹配合件的拧紧度。

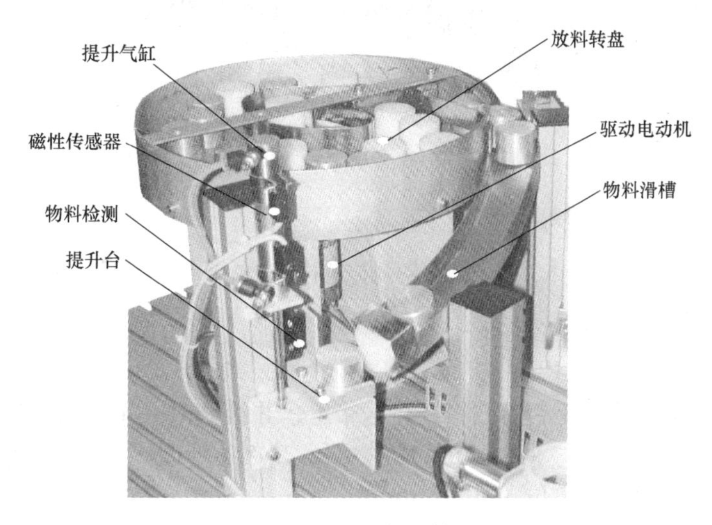

图 10-2　送料机构

调试时，要满足以下项目要求：

放料转盘：转盘中共放两种物料，一种为金属物料、一种为非金属物料。

驱动电动机：采用 24V 直流减速电动机，转速为 10r/min，转矩为 30kg/cm，用于驱动放料转盘旋转。

物料滑槽：放料转盘旋转，物料互相推挤趋向入料口，然后从入料口顺着物料滑槽落到提升台上。

提升台：将物料和滑槽有效分离，并确保每次只上一个物料。

物料检测：物料检测为光电漫反射型传感器，主要为 PLC 提供一个输入信号，如果有物料在提升台上，就会驱动提升气缸提升物料；如果运行中，光电传感器没有检测到物料并保持 10s，则系统停机然后报警。

磁性传感器：用于气缸的位置检测。检测气缸伸出和缩回是否到位，为此在前点和后点上各有一个，当检测到气缸准确到位后将给 PLC 发出信号。

注意：磁性传感器接线时，棕色接“+”，蓝色接“-”。

提升气缸：提升气缸使用的是单向电控气阀。当电控气阀得电，物料提升台上升，当电控气阀断电，物料提升台下降。

10.1.2　物料传送和分拣机构的装调

安装时，如图 10-3 所示，先将支架安装在铝合金导轨实训平台上，再按顺序将金属料槽、塑料料槽、电容式传感器、电感式传感器、推料气缸一、推料气缸二及三相异步电动

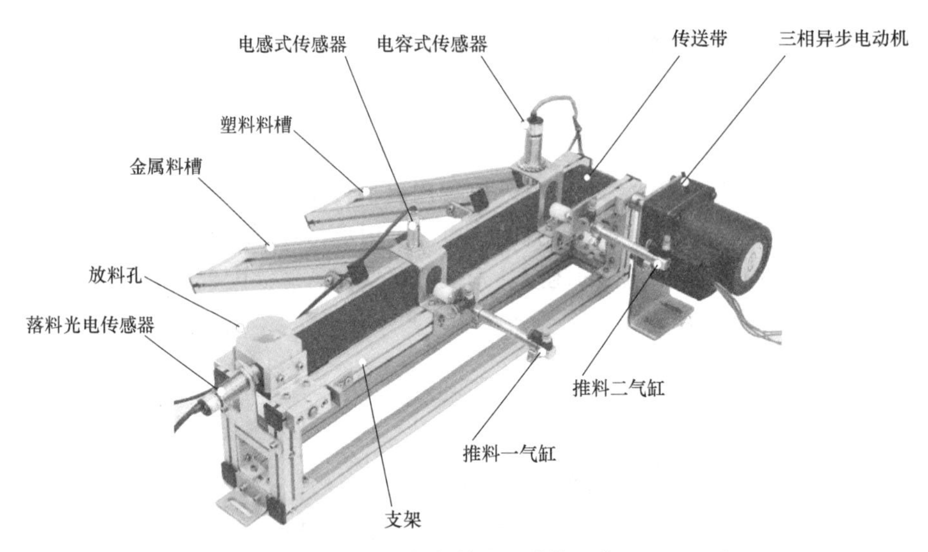

图10-3 物料传送和分拣机构

机。安装时，还要注意螺纹配合件的拧紧度。

调试时，要满足以下项目要求：

落料光电传感器：检测是否有物料在传送带上，并给PLC一个输入信号。

注意：接线时，棕色接"+"、蓝色接"-"、黑色接输出。

放料孔：物料落料位置定位。

金属料槽：放置金属物料。

塑料料槽：放置非金属物料。

电感式传感器：检测金属材料，检测距离为3～5mm。

注意：接线时，棕色接"+"、蓝色接"-"、黑色接输出。

电容式传感器：用于检测非金属材料，检测距离为5～10mm。

注意：接线时，棕色接"+"、蓝色接"-"、黑色接输出。

三相异步电动机：驱动传送带转动，由变频器控制。

推料气缸：将物料推入料槽，由双向电控气阀控制。

10.2 气动回路

气动回路由气源装置及辅助元件、控制元件、执行元件组成，传输介质是压缩空气。气动系统的正常工作首先离不开动力源即气源装置。

10.2.1 气源装置及辅助元件

气源装置为气动回路提供气压，一般由空气压缩机、后冷却器、除油器、储气罐和干燥器等组成，如图10-4所示。

在吸气口装有空气过滤器，以减小压缩空气的污染程度，空压机产生的冷却压缩空气经过后冷却器把温度从140～170℃降低到40～50℃温度，使高温气化的油分、水分凝结出来，通过除油器排出。再经过进一步干燥、过滤。存于储气罐中的压缩空气用以平衡空气压缩机流量和设备用气量，并稳定压缩空气压力，同时还可以进一步除去压缩空气中的水分和油分。

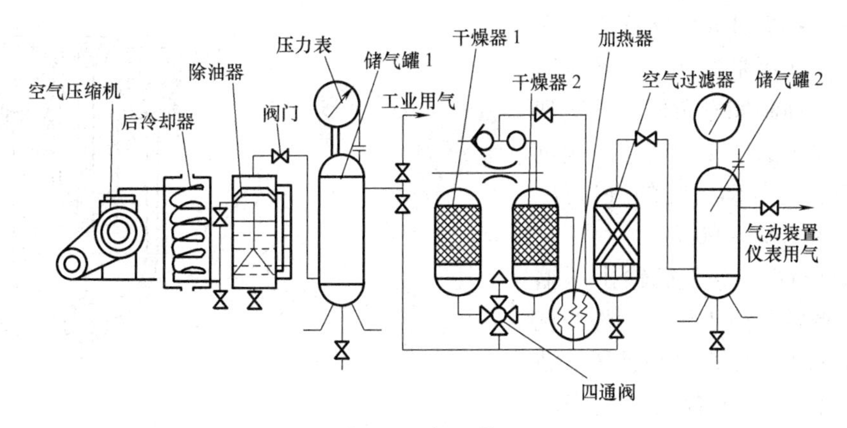

图 10-4　气源装置

1. 空压机

空压机是空气压缩机的简称，是将机械能转变为气压能的转换装置。空压机外形如图 10-5 所示。

空压机一般有以下几种分类方法：

1）按工作原理分有容积型和速度型。容积型又有活塞式、螺杆式、膜片式、滑片式等；速度型又有离心式和轴流式空气压缩机。

2）按输出压力 p 分类有鼓风机、低压空压机、中压空压机、高压空压机、超高压空压机。

3）按输出流量 q 分类有微型空压机、小型空压机、中型空压机和大型空压机。

图 10-5　空压机外形图

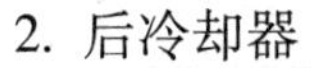

2. 后冷却器

后冷却器一般有间接式水冷换热器，其结构形式有列管式、套管式、散热片式和蛇管式等。

3. 除油器

除油器其结构形式有环行回转式、撞击并折回式、离心旋转式、水浴式以及组合式。

4. 储气罐

储气罐上设置安全阀、压力表、清洗入孔或手孔、排污管阀。

5. 干燥器

干燥器使用的方法主要是吸附法和冷冻法。

6. 辅助元件

气动系统的辅助元件也是保证气动系统正常工作的不可缺少的组成部分，包括过滤器、减压阀、消声器、油雾器、管道和管接头、其他辅助元器件等。

（1）过滤器　过滤器包括空气过滤器和标准过滤器，如图 10-6 所示。在空压机的进口处安装空气过滤器，可减少进入空压机的灰尘量。空气过滤器又称为一次过滤器，它由壳体和滤芯组成。滤芯的材料有纸质、织物和金属等。通常采用纸质过滤器，其滤灰效率为

50%～70%。标准过滤器又称为二次过滤器，它的作用是进一步滤除压缩空气中的水、油和固态杂质，以达到气动系统所要求的净化程度。二次过滤器通常安装在气动系统的进口处，其滤灰效率为70%～90%。

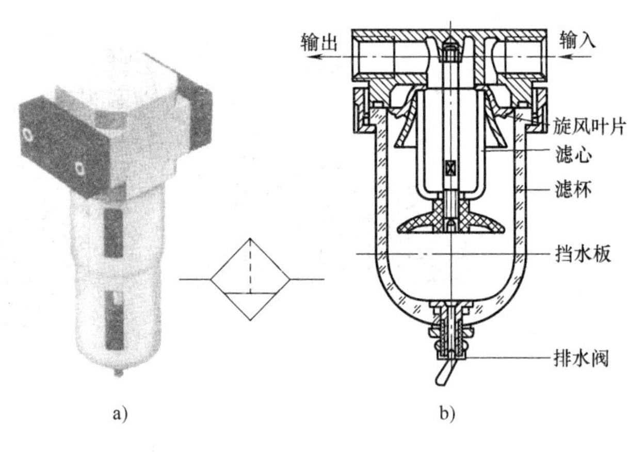

图10-6　过滤器

a）一次过滤器　b）二次过滤器

（2）减压阀　空压机输出压缩空气的压力通常都高于气动元件和气动装置所需的工作压力，并且压力波动也大，因而需要设置减压阀来降压，以适应每台气动设备的需要，并使气体压力保持稳定。直动式减压阀结构原理图如图10-7所示。

（3）消声器　气压传动装置的噪声一般都比较大，尤其当压缩空气直接从气缸或阀中排出时，较高的压差使气体体积急剧膨胀，产生涡流，引起气体的振动，发出强烈的噪声，为消除这种噪声应安装消声器。

（4）油雾器　油雾器是一种特殊的注油装置，其作用是润滑油雾化后注入空气流中，并随气流进入需要润滑的部位，达到润滑的目的。油雾器主要由储油杯与视油器组成，储油杯一般用透明的聚碳酸酯制成；视油器用透明的有机玻璃制成，可清楚地看到油雾器的滴油情况。

（5）管道和管接头　管道是用来输送压缩空气的，起着连接各元器件的重要作用。管道有金属管和非金属管两种。管接头是把气动控制元件、执行元件和辅助元件等连接成气动系统的不可缺少的重要附件。

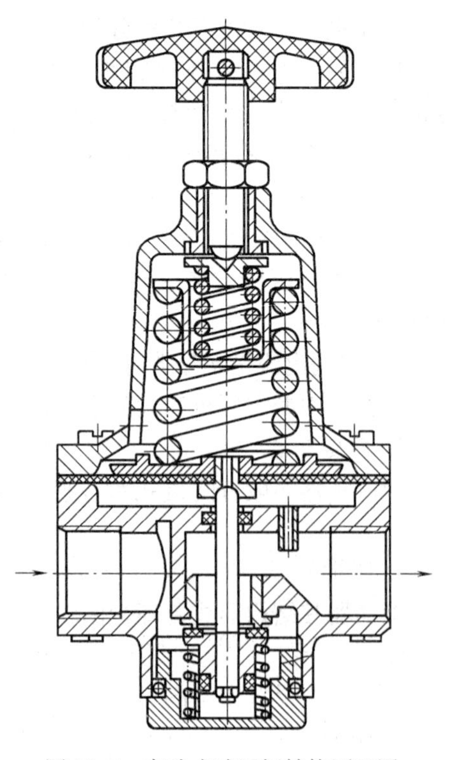

图10-7　直动式减压阀结构原理图

7. 安装、调试和维护

空压机起动前，电源电压的波动范围要求为±5%；油位一般在油标的1/3～2/3处为宜，低于油标的1/3时，应及时添加经过滤的同牌号润滑油。润滑油应选择高质量的专用润滑油，长期工作后，润滑油内会含有杂质、灰尘等，因此还要定期进行过滤。一般来说，每500～800h应更换一次润滑油，并对前一次使用的润滑油进行过滤。起动工作时，注意听机器运转声，在机器运转1～2min后，观察压力和振动有无异常情况。注意机器的运转指标是否正常，如排气量、振动、噪声等；储气罐和后冷却器的油水应定期排放，以防沉积的油水被压缩空气带走。停车后，切断电源，停止空压机运转，待机器冷却后，将储气罐底部的排水阀打开并放出污水，关闭冷却水，打扫卫生。

安装位置：清洁、无粉尘、通风好、湿度小、温度低，且要留有维护保养的空间。

噪声防治：远离气动设备，设置隔声、消声器，选择噪声小的空压机。

使用二次过滤器时应注意定期打开排水阀，放掉积存的油、水和杂质。过滤器中的滤杯是由聚碳酸酯材料制成的，应避免在有机溶液和化学药品雾气的环境中使用。如在上述溶剂雾气的环境中使用，则应使用金属滤杯。为安全起见，滤杯外必须加金属杯罩，以保护滤杯。使用减压阀时，输入压力至少比最高输出压力大 0.1MPa。安装减压阀时调压手柄应处于上方，便于调整压力，阀体上的箭头方向为气体的流动方向，注意不要装反；阀体上的堵头可拧下来，装上压力表。安装管件时要将锈屑等杂物清洗干净。减压阀应安装在二次过滤器之后，油雾器之前。不用时，应旋松调压手柄，以免膜片变形。油雾器在使用中一定要垂直安装，它可以单独使用，也可以和二次过滤器、减压阀三件联合使用，组成气源调节装置（常称气动三联件）。联合使用时，其连接顺序应为二次过滤器-减压阀-油雾器，注意顺序不能颠倒。安装油雾器时，进、出气口不能装反。油雾器的供油量一般以每 $10m^3$ 空气用 1mL 油为标准，使用时可根据具体情况调整。

10.2.2　控制元件

气动控制元件包括单控电磁换向阀、双控电磁换向阀、磁性限位传感器。

1. 手控换向阀

依靠人力切换阀的换向阀是能力控制换向阀，简称人控阀。它可分为手控换向阀和脚踏换向阀两大类。如图 10-8 所示的二位三通手控换向阀在手动系统中，一般用来直接操纵气动执行机构。在半自动和自动化系统中，多作为信号阀使用。

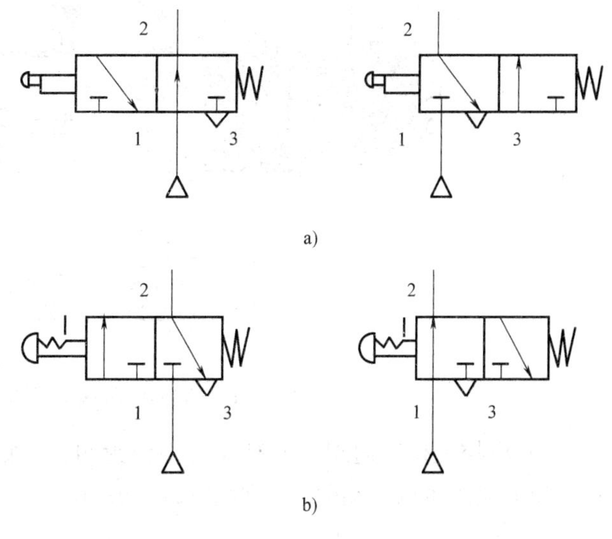

图 10-8　二位三通手控换向阀

a）不带锁，常通型　b）带锁，常断型

2. 常见电磁阀

电磁阀是利用电磁力推动阀杆（阀芯）换向的。电磁阀是气动控制元件中最主要的元件之一。常见电磁阀有单电控换向阀，弹簧复位；二位双电控换向阀，具有记忆功能；三位双电控换向阀，弹簧复位。

（1）单电控二位五通阀　电磁线圈得电，单电控二位五通阀左位工作。电磁线圈失电，在弹簧作用下复位。如果没有电压作用在电磁线圈上，则单电控二位五通阀可以手动驱动，如图 10-9 所示。

（2）双向电磁阀　双向电控阀用来控制气缸进气和出气，从而实现气缸的伸缩运动。电控阀内装的红色指示灯有正负极性，如果极性接反了也能正常工作，但指示灯不会正常亮，如图 10-10 所示。

1）双电控二位五通阀。如果没有电压作用在电磁线圈上，则双电控二位五通阀可以手动驱动。

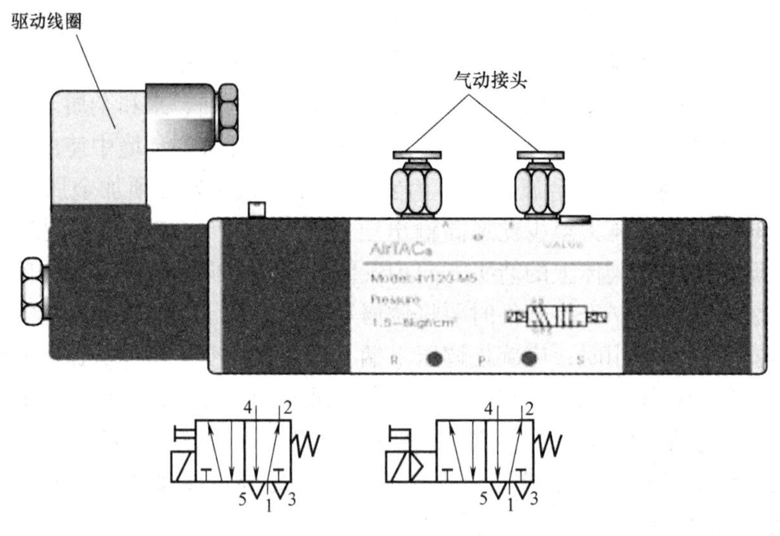

图10-9　单相电磁阀示意图及图形符号

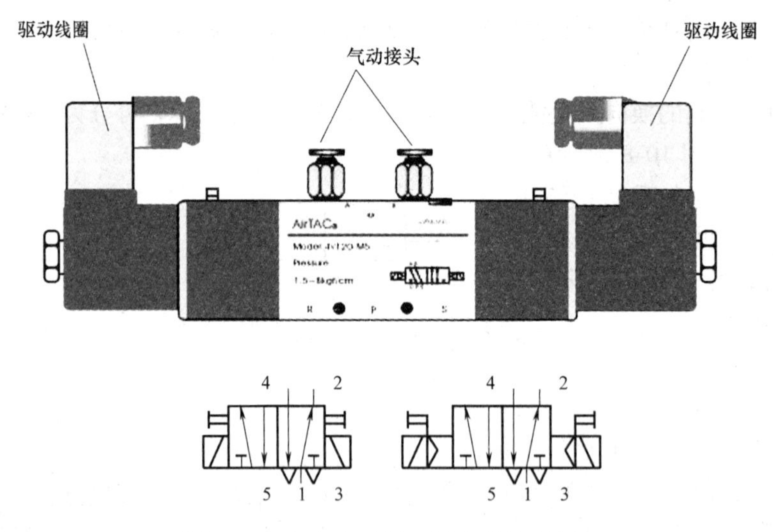

图10-10　双向电磁阀示意图及图形符号

2）双电控三位五通阀，中封式（中位封闭）。如果没有电压作用在电磁线圈上，则双电控三位五通阀可以手动驱动，如图10-11所示。

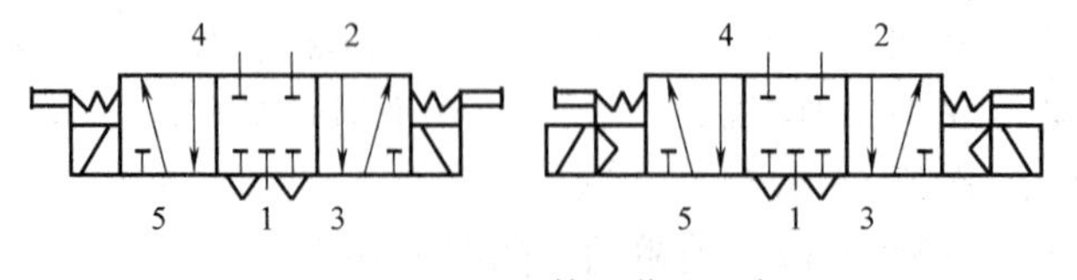

图10-11　双电控三位五通阀

注意：使用双电控电磁换向阀时，两侧电磁铁不能同时通电，否则将使电磁线圈烧坏。为此，在电气控制回路上，通常设有防止同时通电的联锁回路。

3. 节流阀

流量控制阀是通过改变阀的流通截面积来实现流量控制的。常见流量控制阀有可调节流阀（如图 10-12 所示）、可调单向节流阀（如图 10-13 所示）和排气消声节流阀（如图 10-14 所示）等。

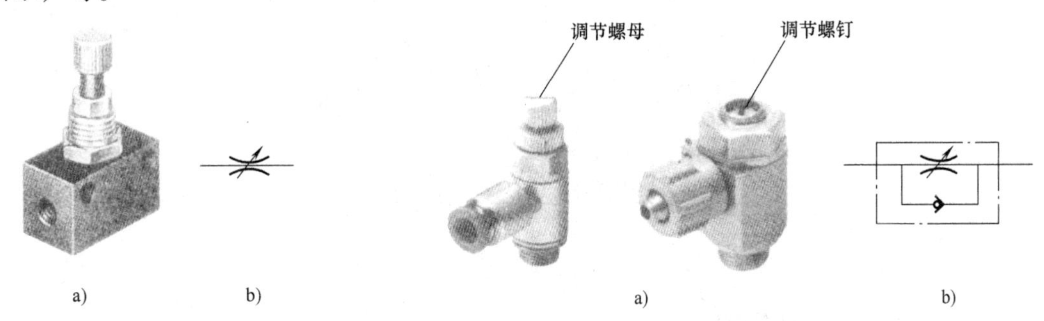

图 10-12　可调节流阀实物及图形符号
a）实物　b）图形符号

图 10-13　可调单向节流阀实物及图形符号
a）实物　b）图形符号

4. 安装、调试和维护

熟悉气动设备使用方法，气源的开关、元器件的选择和固定、管线的插接等。根据所给回路中各元器件的图形符号，找出相应元器件并进行良好固定。根据回路图进行回路连接并对回路进行检查。

打开气源观察运行情况，对使用中遇到的问题进行分析和解决。

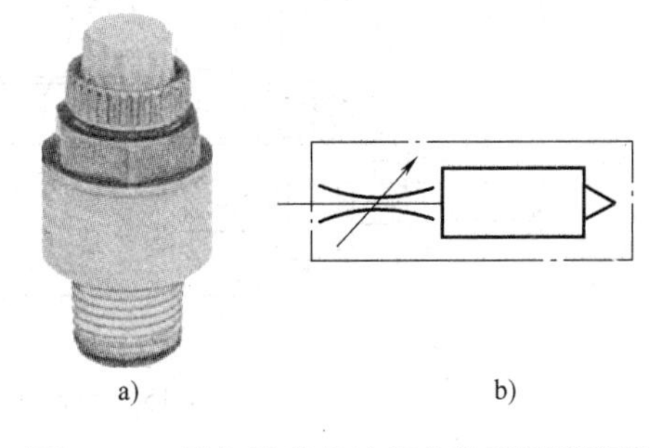

图 10-14　排气消声节流阀实物及图形符号
a）实物　b）图形符号

10.2.3　执行元件

气动执行元件是将气压能转化为机械能，实现直线、摆动或换转运动的转换装置。

1. 单作用气缸

产生直线往复运动的是气缸。气缸是气动自动化系统中使用最为广泛的一种执行元件。

单作用气缸是在压缩空气作用下，气缸活塞杆伸出，当无压缩空气时，气缸活塞杆在弹簧或外力作用下缩回。若气缸活塞上带磁环，可用于驱动磁感应传感器动作。

2. 双作用气缸

双作用气缸如图 10-15 所示，能实现两个方向的运动且都通过气压传动来进行。在压缩空气作用下，双作用气缸活塞杆既可以伸出也可以缩回。通过缓冲调节装置，可以调节其终端缓冲。若气缸活塞上带磁环，可用于驱动磁感应传感器动作。

3. 真空元件

在低于大气压力下工作的元件称为真空元件。常见的真空元件有真空发生器、真空吸盘和真空开关，如图 10-16 所示。

真空发生器是利用压缩空气的流动而形成一定真空度的气动元件。当压缩空气从供气口流向排气口时，在真空口处就会产生真空。吸盘与真空发生器真空口连接，靠真空压力吸起物体。如果在供气口无压缩空气，则抽真空过程就会停止。

4. 摆动气缸

摆动气缸是一种在小于 360°角度范围内做往复摆动的气动执行元件，它将压缩空气的

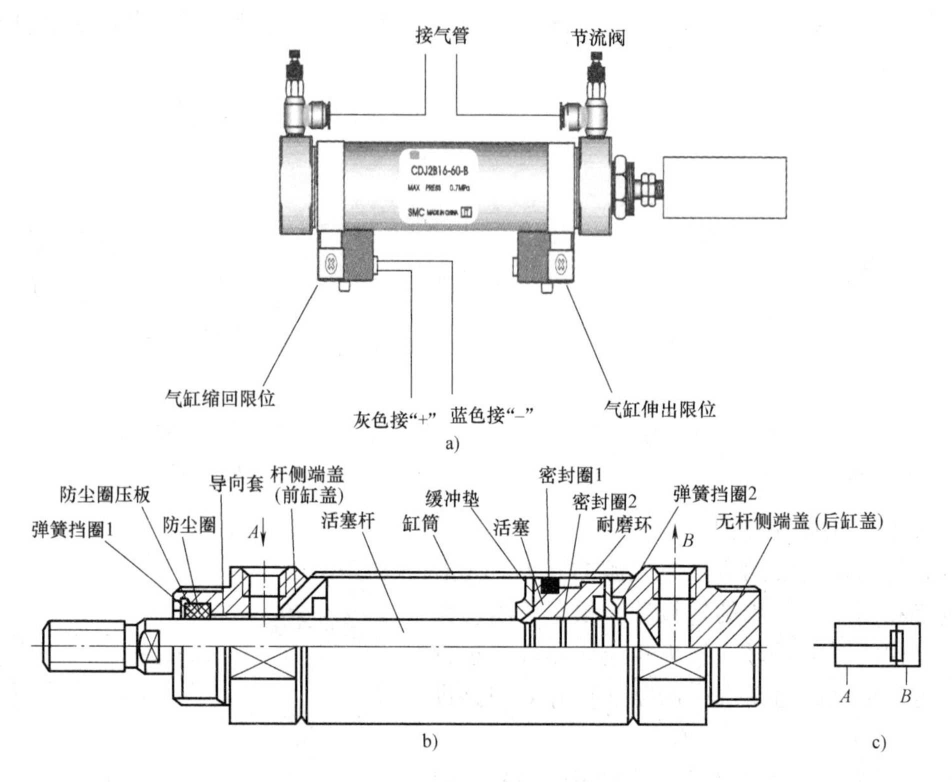

图10-15　双作用气缸示意图、结构及图形符号

a）示意图　b）结构　c）图形符号

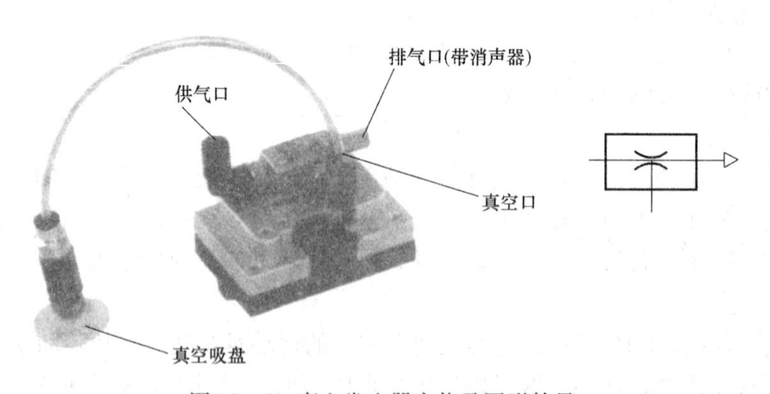

图10-16　真空发生器实物及图形符号

压力能转换成机械能，输出力矩使机构实现往复摆动。摆动气缸按结构特征分为叶片式（如图10-17所示）、齿轮齿条式等。

5. 安装、调试和维护

气缸的工作压力不超过1.0MPa。使用前检查安装连接点有无松动。操纵上考虑安全连锁。顺序控制时检查气缸的工作位置。发生故障时应有紧急停止装置。工作结束后气缸内部的压缩空气应排放。气缸的工作环境温度5～60℃。气缸通常用油雾润滑，应选用推荐的润滑油。气缸接入管道前，必须清除管道内的脏物，防止杂物进入气缸。气缸活塞杆正常承受轴向力。气缸活塞杆所承受的径向载荷应在允许范围内。安装时，应防止工作过程承受附加

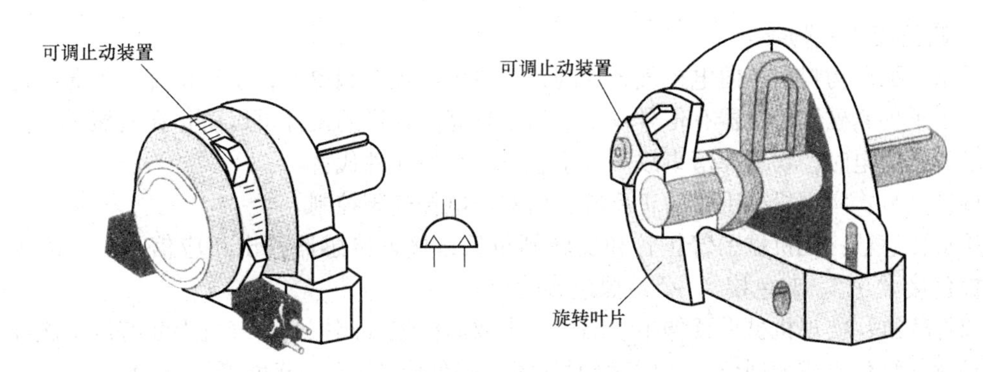

图 10-17　叶片式摆动气缸实物、结构及图形符号

的径向载荷。气缸运动速度一般为 50～500mm/s。气缸安装完毕后，进行空载往复几次，检查气缸动作是否正常。然后，连接负载进行速度调节。定期检查气缸各部位有无异常现象，各连接部件有松动等。气缸活动部位定期加润滑油。零件必须清洗干净，特别要防止密封圈剪切、损坏。注意唇形密封圈的安装方向。气缸所有加工表面涂防锈油，进、排气口加防尘堵塞。

10.3　机械手搬运机构

10.3.1　机械手搬运机构

机械手搬运机构如图 10-18 所示，能完成 4 个自由度动作，手臂伸缩、手臂旋转、手爪上下、手爪紧松。整个搬运机构主要由以下几部分构成：

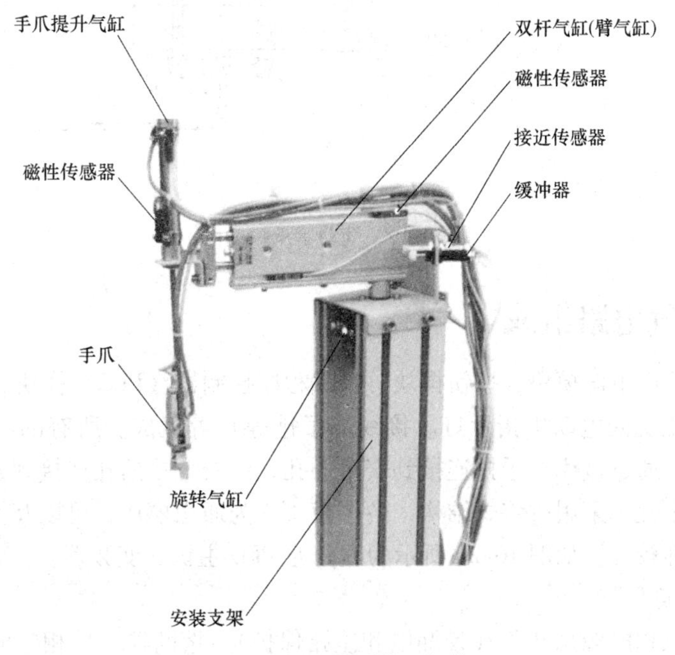

图 10-18　机械手搬运机构

手爪提升气缸：该类提升气缸采用双向电控气阀控制，气缸的伸出或缩回可任意定位。

磁性传感器：用于检测手爪提升气缸处于伸出或缩回位置。（接线时注意，棕色接

“+”、蓝色接“-”)

手爪：抓取物料由单向电控气阀控制，当单向电控气阀得电，手爪松开，单向电控气阀断电，手爪夹紧磁性传感器有信号输出，指示灯亮。这样的设计可以防止在机械手爪抓有物料时若发生断电时，物料掉落事故。气爪也可用真空元件代替。

旋转气缸：实现机械手臂的正反转，由双向电控气阀控制。

接近传感器：在机械手臂正转和反转到位后，接近传感器输出相应信号。（接线时注意，棕色接“+”、蓝色接“-”、黑色接输出）

双杆气缸：实现机械手臂伸出、缩回，由双向电控气阀控制。气缸上装有两个磁性传感器，检测气缸伸出或缩回位置。（接线时注意，棕色接“+”、蓝色接“-”）

缓冲器：旋转气缸高速正转和反转到位时，起缓冲减速作用。

10.3.2 气动手爪控制图

图10-19中手爪夹紧由单向电控气阀控制，当电控气阀得电，手爪松开。当电控气阀断电后手爪夹紧。

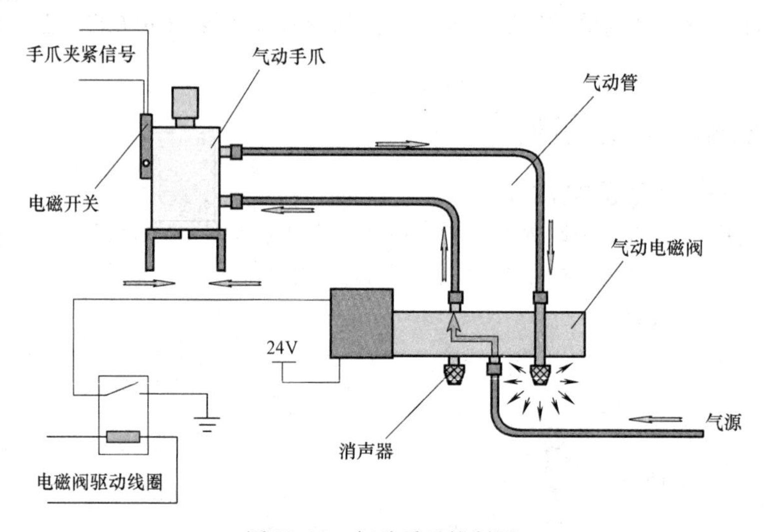

图10-19 气动手爪控制图

10.4 电气电路组成

电气部分主要由电源模块、按钮模块、可编程序控制器（PLC）模块、变频器模块、各种受控元件（如电磁阀电动机指示灯、接线端子排等）等组成。所有的电气元器件均连接到接线端子排上，通过接线端子排连接到安全插孔，由安全接插孔连接到各个模块，提高实训考核装置的安全性。采用拼装式结构，各个模块均为通用模块，可以互换，能完成不同的实训项目，扩展性较强。如图10-20所示为欧姆龙PLC主机、变频器。

1. 电气的组成

电源模块：三相电源总开关（带漏电和短路保护）、熔断器、单相电源插座用于模块电源连接和给外部设备提供电源，模块之间电源连接采用安全导线方式连接。

按钮模块：提供了多种不同功能的按钮和指示灯（DC24V），急停按钮、转换开关、蜂鸣器。所有接口采用安全插连接。内置开关电源（24V/2A）为外部设备提供电源。

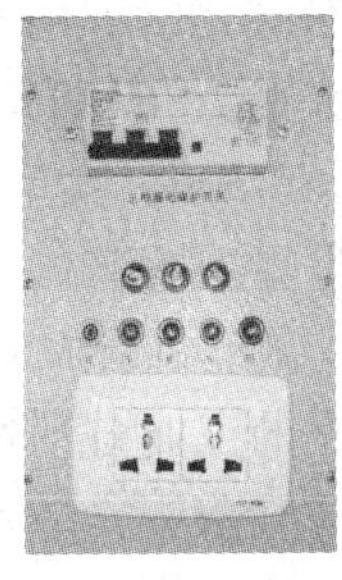 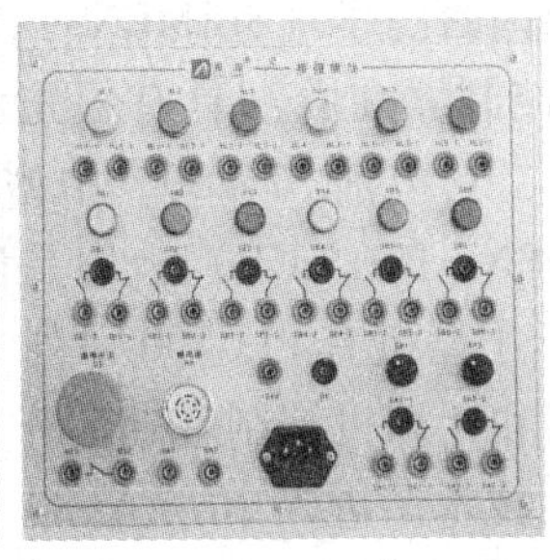 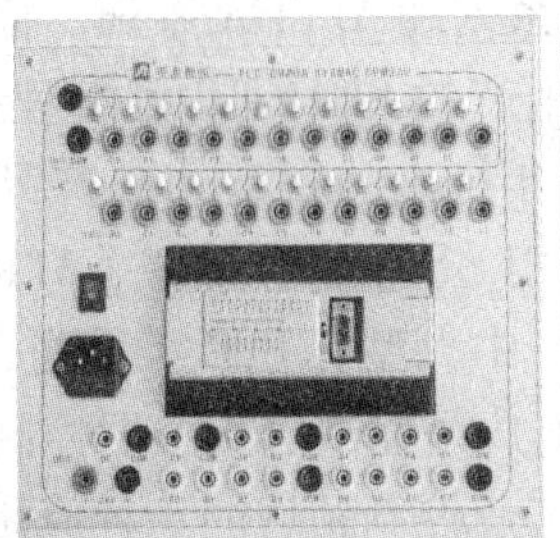 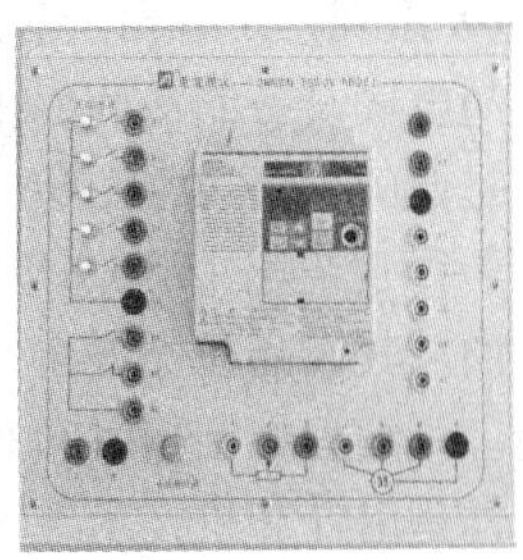

图10-20 欧姆龙PLC主机、变频器

PLC模块：主机采用欧姆龙CPMAZAH-40CDR，继电器输出型，所有接口采用安全插线连接。

变频器模块：欧姆龙3G3JV-A4007，所有接口采用安全插连接。

警示灯：共有绿色和红色两种颜色的警示灯。引出线5根，其中并在一起的两根粗线是电源线（红线接“+24”，黑红双色线接“GND”），其余三根是信号控制线（棕色线为控制信号公共端，如果将控制信号线中的红色线和棕色线接通，则红灯闪烁；如果将控制信号线中的绿色线和棕色线接通，则绿灯闪烁）。

2. 电路的调试

电路的调试具体步骤大致如下：

（1）通电观察　通电后不要急于测量电气指标，而要观察电路有无异常现象，例如有无冒烟现象，有无异常气味，手摸集成电路外封装，是否发烫等。如果出现异常现象，应立即关断电源，待排除故障后再通电。

（2）静态调试　静态调试一般是指在不加输入信号，或只加固定的电平信号的条件下所进行的直流测试，可用万用表测出电路中各点的电位，通过和理论估算值比较，结合电路原理的分析，判断电路直流工作状态是否正常，及时发现电路中已损坏或处于临界工作状态的元器件。通过更换元器件或调整电路参数，使电路直流工作状态符合设计要求。

（3）动态调试　动态调试是在静态调试的基础上进行的，在电路的输入端加入合适的信号，按信号的流向，顺序检测各测试点的输出信号，若发现不正常现象，应分析其原因，并排除故障，再进行调试，直到满足要求。调试过程中，主要分为两部分来调试：①电路调试；②机、电两部分组合起来调试。调试好之后进行试运行，在试运行时分为单周期调试与自动循环两部分。

10.5 可编程序控制器（PLC）的调试

可编程序控制器（PLC）是一种新型的通用自动化控制装置，它将传统的继电器控制技术、计算机技术和通信技术融为一体，具有控制功能强、可靠性高、使用灵活方便、易于扩展等显著的优点。目前，PLC已经广泛应用于机械、冶金、矿山、石油化工、轻工、交通等多个工业行业，成为工业自动化领域中最重要、应用最多的控制设备，并已跃居现代工业自动化三大支柱（PLC、机器人、CAD/CAM）之首。

随着PLC控制应用的普及，PLC产品数量越来越多，而且功能也日趋完善。三菱（MITSUBISHI）公司是日本生产可编程序控制器的主要生产厂家之一，其PLC可分为F系列、FX系列、A系列、Q系列和ALPHA系列。德国西门子（SIEMENS）公司是欧洲最大的电子与电气设备制造商，生产的SIMATIC可编程控制器在欧洲具有领先水平。SIMATIC S7系列是西门子公司于1996年推出的新型PLC产品，它包括S7-200、中型S7-300、大型S7-400等系列。美国ROCKWE1公司所属A-B（ALLEN--BRDLEY）公司是世界上著名的PLC制造商。其产品门类齐全，中大型有PLC-5系列、小型机有PLC500系列，微型机有MICRO系列。可编程控制器（PLC）是在继电接触器控制和计算机控制基础上开发的工业自动控制装置，是由计算机技术在工业控制领域的一种应用技术。进入20世纪80年代以来，随着微机技术和微电子技术的迅速发展，极大推动了PLC在世界范围内的发展，其功能越来越全面，应用范围越来越广阔，已广泛应用在各种机械和生产过程的自动控制中。

我国七十年代末开始对PLC进行研究、生产和应用。随着国力的增强和生产力的提高，PLC已经渗透到了各个领域。

PLC控制系统程序调试一般包括：I/O端子测试和系统调试两部分内容。

10.5.1 调试前期的准备工作

1. 调试前的准备

（1）调试的必需的工具：一个螺钉旋具、一台万用表。另外，如果要与现场的仪表传感器进行系统联调的时候，还要有一台信号发生器来模拟现场仪表的信号，以确定当发生问题时，现场的信号是完好的。还有，一台结实的便携式计算机，是你编程和调试的必需的工具。还有一些常被忽视的小东西，你准备了之后一定有用的，如，电工胶带、热缩套管、束线带、还有，如果现场接线已经完成了，要准备好一些与信号线相同的电缆，和一些固定基座的螺钉。调试所要带的备品备件。虽然现场的货物清单可能会已经考虑了备品备件的问题，但为了应付万一的情况，有些备件你最好还是自己要随身携带。首先是PLC的基板（有的成为机架）、电源、CPU模块，因为这些是一台PLC能够工作的基础。如果现场只有一套系统，假如没有备分的话，一旦出现故障，你的所有的工作都必须停下来。因此最好带上一套。其他的I/O模块和通讯模块，如果现场只有一个的，你都要考虑再多带一个。对于那些现场已经有两块以上的模块，你就不用考虑自己带了。

（2）索取调试时必需的资料，确保自己清晰地理解了要完成的工作目标和设计者的意图。不要轻易否定设计者的方案。方案设计中，最容易出问题的地方是通信，现场调试最麻烦的地方也是通信，所以对于通信的部分，你必须清晰了解系统的框架结构，并且对需要进行通信的东西在出发前就要全部进行一遍调试，而且要确认其中的所有需要通信的模块是可以通信的。比如，操作台计算机、触摸屏、PLC、变频器、其他的PLC、一些智能仪表和仪器，如果这些东西需要通信的话，你必须要确认它们相互之间是可以通信的，如果你不确认的话，就要与厂家联络，并亲自再试一次。如果PLC的节点数较多，要考虑距离和厂家CPU的限制。

（3）对调试的现场工作进行一个简单的规划，通常应当采取以下步骤：

1）系统的规划。

2）I/O模块选择与地址设定。

3）梯形图程序的编写与系统配线。

4）梯形图程序的仿真与修改。

5）系统试车与实际运转。

6）程序注释和归档。

以上工作中，复杂的系统规划可能需要几天甚至更长的时间，但一个简单的系统规划在一个具有良好的职业习惯的编程工程师手中，可能只需要几个小时。

2. 调试时的注意事项

（1）熟悉现场环境及设备。

（2）熟悉电源模块的配置　例如，电源模块通常有 5A 和 10A 的分别，如果模块较少，可以选用功率小的电源模块；如果模块较多，则应该选用大功率的电源模块。而一般，如果现场仪表需要 PLC 也供应 24V 直流电源而不是采用外部电源供电（如 RTU）的情景，通常 CPU 所在的机架上选用大功率的电源比较合理。

（3）基座安装（RACK）　在决定控制箱内各种控制组件及线槽位置后，要依照图纸所示尺寸，标定孔位，钻孔后将固定螺钉旋紧到基座牢固为止。在装上电源供应模块前，必须同时注意电源线上的接地端有无与金属机壳连结，若无则须接上。接地不好的话，会导致一系列的问题，静电、浪涌、外干扰等等。由于不接地，PLC 也能够工作，因此，不少经验不足的工程师就误以为接地不那么重要了。但实际上，这就像登山的时候，没有系上保护缆绳一样，虽然你正常前进的时候，保护缆绳没有任何作用，但一旦你失足的时候，没有那根绳子，你的生命就完结了。PLC 的接地，就相当于给 PLC 系上了保护缆绳。

（4）静电的隔离　静电是无形的杀手，但可能因为不会对人造成生命危险，所以许多人常常忽视它。在中国的北方，干燥的环境，人体身上易产生静电，这都是造成静电损坏电子元器件的因素。人体被静电打到，只不过是轻微的酥麻，但这对于 PLC 和其他任何电子元器件就足以致命了。要避免静电的冲击有三种方式：①在进行维修或更换元器件时，先碰触接地的金属，以去除身上的静电；②不要碰触电路板上的接头或是 IC 引脚；③电子组件不使用时，用有隔离静电作用的包装物，将组件放置在里面。

（5）检查接线　这是要强调的一个问题，十分简单但却几乎每个项目都会遇到的 PLC 接线。其实，现场调试大部分的问题和工作量都是在接线方面。有经验的工程师首先应当检查现场的接线。通常，如果现场接线是由用户或者其他的施工人员完成的，则通过看其接线图和接线的外观，就可以对接线的质量有个大致的判断。然后要对所有的接线进行一次完整而认真的检查。现场由于接线错误而导致 PLC 被烧坏的情况屡次发生，在进行真正的调试之前，一定要认真地检查。即便接线不是你的工作，检查接线也是你的义务和责任，而且，可以节省你后面大量的调试时间。

（6）在设计交底的过程中要指出的是，对于设计中的任何变更，你只能提建议，而不是擅自做修改。因为，现场工程师的职责是按照设计施工，而不是设计，因此，对于现场发现的任何不合理的东西，你可以提出意见，但必须要等到设计变更确认书下到你手里后，你才能按照变更后的设计工作，尽管这个变更可能原本就是你的意见。还有，即使最初的设计也是你做的，你在变更后，也要通知用户，并取得用户的书面同意。

（7）现场修改　运行时常被忽略的一个问题是，工程师忘记将 PLC 切换到编程模式，虽然这个错误不难发现，但工程师在疏忽时，往往会误以为 PLC 发生了故障，因此耽误了许多时间。

10.5.2　I/O 端子的调试

调试方法如下：

（1）检查输入端子　可采用手动开关、按钮暂时代替现场输入信号，逐一对 PLC 输入端子进行检查，PLC 输入端子的指示灯点亮，表示正常；否则，接线有问题或者是 I/O 点坏。

（2）检查输出端子　可以编写一个小程序，在输出电源良好的情况下，检查所有 PLC 输出端子指示灯是否全可以亮。如端子的指示灯可以点亮，表示正常。否则，应检查接线或者是 I/O 点坏。

10.5.3　系统的调试

系统调试又可分为模拟调试、联机调试和现场调试三步，良好的调试步骤有利于加速总装调试的过程。

1. 模拟调试——也称程序初调

在梯形图程序撰写完成后，一般先作模拟调试。将程序写入 PLC，便可先行在 PC 与 OpenPLC 系统做在线连接，以执行在线仿真作业。倘若程序执行功能有误，则必须进行除错，并修改梯形图程序。模拟调试的基本措施是，以方便的形式模拟生产现场实际状态，为程序的运行创造必要的环境和条件。根据产生现场信号的方式不同，模拟调试有硬件模拟法和软件模拟法两种形式。

1）硬件模拟法是使用一些硬件设备（如用另一台相同的 PLC 或一些输入器件等）模拟产生现场的信号，并将这些信号以硬接线的方式连接到 PLC 系统的输入端，其时效性较强。

2）软件模拟法是在 PLC 中另外编写一套模拟程序，模拟提供现场信号，其简单易行，但时效性不易保证。模拟调试过程中，可采用分段调试的方法，并利用编程器的监控功能。也可以通过仿真软件来代替 PLC 硬件在计算机上调试程序。用编程软件将输出点强制 ON 或 OFF，观察对应的控制柜内 PLC 负载（指示灯，接触器等）的动作是否正常以及对应的接线端子上的输出信号的状态变化是否正确。

程序调试过程中应先发现错误，后进行纠错。基本原则是“集中发现错误，集中纠正错误”，直到满足设计的要求为止。调试时先从各功能单元入手，设定输入信号，观察输出信号的变化情况。各功能单元调试完成后，再调试全部程序，调试各部分的接口情况，直到满意为止。程序调试通常在实验室进行，如果程序简单或者时间急也可以在现场进行。如果在现场进行测试，必需将可编程控制器系统与现场信号隔离，可以切断输入/输出模板的外部电源，以免引起机械设备动作。

2. 联机调试——也称程序在线细调

联机调试是将通过模拟调试的程序进一步在线统调。调试时，主电路一定要断电，只对控制电路进行联机调试。联机调试过程应循序渐进，从 PLC 只连接输入设备、再连接输出设备、再接上实际负载等逐步进行调试。如不符合要求，则对硬件和程序作调整。通常只需修改部分程序即可。方法是把编制好的程序下载到现场的 PLC 中。把 PLC 控制单元的工作方式设置为“RUN”开始运行。反复调试并消除出现的各种问题。在调试过程中也可以根据实际需求对硬件作适当修改以配合软件的调试。调试中，应保持足够长的运行时间使问题充分暴露并加以纠正。调试中多数是控制程序问题。

3. 现场调试——也称设备调试

PLC 现场调试是指在工业生产现场，所有设备都安装好后，所有连接线都接好后的实际调试。也是 PLC 程序的最后调试。现场调试的目的是，调试通过后，可交给用户使用或试运行。现场调试前应准备好硬件原理图、安装接线图、电气元件明细表、PLC 程序及调试大纲。在正式调试前必须全面检查整个 PLC 控制系统，包括电源、接地线、设备连接线、I/O 连线等。在保证整个硬件连接正确无误的情况下即可依大纲，按部就班地一步步推进。开始调试时，设备可先不运转，甚至不用带电。可随着调试的进展逐步加电、开机、加载，直到按额定条件运转。一般分以下几步进行：

1）对每一个现场信号和控制量做单独测试。

2）检查硬件/修改程序。

3）对现场信号和控制量做综合测试。

4）带设备调试。

5）调试结束。

具体操作过程如下：

1）要查接线、核对地址。要逐点进行，要确保正确无误。可不带电核对，即查线，此种方法较麻烦。也可带电查，加上信号后，看电控系统的动作情况是否符合设计的目的。

2）检查模拟量输入/输出。看输入/输出模块是否正确，工作是否正常。必要时，还可用标准仪器检查输入/输出的精度。

3）检查与测试指示灯。控制面板上如有指示灯，应先对指示灯的显示进行检查。一方面，查看灯坏了没有，另一方面检查逻辑关系是否正确。指示灯是反映系统工作的一面镜子，调好它，将为进一步调试提供方便。

4）检查手动动作及手动控制逻辑关系。完成了以上调试后，继而可进行手动动作及手动控制逻辑关系调试。要查看各个手动控制的输出点，是否有相应的输出以及与输出对应的动作，然后再看，各个手动控制是否能够实现。如有问题，立即解决。

5）单周期工作。如系统有单周期工作，就先调试单周期工作能否实现。调试时可一步步推进。直至完成整个控制周期。哪个步骤或环节出现问题，就着手解决哪个步骤或环节的问题。

6）自动工作。在完成单周期调试后，可进一步调试自动工作。要多观察几个工作循环，以确保系统能正确无误地连续工作。

7）模拟量调试、参数确定。以上调试的都是逻辑控制的项目。这是系统调试时，首先要调试通过的。这些调试基本完成后，可着手调试模拟量、脉冲量控制。最主要的是选定合适的控制参数。一般讲，这个过程是比较长的。要耐心调，参数也要做多种选择，再从中选出最优者。有的 PLC，它的 PID 参数可通过自整定获得。但这个自整定过程，也是需要相当的时间才能完成的。

8）异常条件检查。完成上述所有调试，整个调试基本也就完成了。此时，再进行一些异常条件检查。看看出现异常情况或一些难以避免的非法操作，是否会停机保护或是报警提示。

全部调试完毕后，交付试运行。经过一段时间运行后，如果工作正常、程序不需要修改，应将程序固化在具有长久记忆功能的存储器中（如 EPROM 中），以防程序丢失，并做备份（至少应该作 2 份）。

上述工作过程完成后应整理和编写技术文件。技术文件包括设计说明书、硬件原理图、安装接线图、电气元件明细表、PLC 程序以及使用说明书等。

习题与思考题

10-1 PLC 的特点及常用机型？

10-2 送料机构由哪些部分组成？

10-3 物料传送和分拣机构由哪些部分组成？

10-4 什么是光电式传感器？一般由哪些部分组成？

10-5 气动回路由哪些部分组成？

10-6 机械手搬运机构由哪些部分组成？

10-7 电路的调试具体步骤是什么？

参考文献

[1] 任慧荣. 气压与液压传动控制技能训练 [M]. 北京：高等教育出版社，2006.

[2] 兰建设. 液压与气压传动 [M]. 北京：高等教育出版社，2007.

[3] 许菁，刘振兴. 液压与气动技术 [M]. 北京：机械工业出版社，2005.

[4] 杨中力. 数控机床故障诊断与维修 [M]. 大连：大连理工大学出版社，2006.

[5] 吴文龙，王猛. 数控机床控制技术基础 [M]. 北京：高等教育出版社，2005.

[6] 陈子银，陈为华. 数控机床结构、原理与应用 [M]. 北京：北京理工大学出版社，2006.

[7] 周旭. 数控机床实用技术 [M]. 北京：国防工业出版社，2006.

[8] 李善术. 数控机床及其应用 [M]. 北京：机械工业出版社，2001.

[9] 杨仲冈. 数控设备与编程 [M]. 北京：高等教育出版社，2002.

[10] 赵云龙. 数控机床及应用 [M]. 北京：机械工业出版社，2005.

[11] 孙汉卿. 数控机床维修技术 [M]. 北京：机械工业出版社，2008.

[12] 王侃夫. 数控机床故障诊断及维护 [M]. 北京：机械工业出版社，2005.

[13] 丁武学. 装配钳工实用技术手册 [M]. 南京：江苏科学技术出版社，2006.

[14] 黄涛勋. 钳工（中级）[M]. 北京：机械工业出版社，2005.

[15] 刘森. 钳工技术手册 [M]. 北京：金盾出版社，2007.

[16] 童永华，冯忠伟. 钳工技能实训 [M]. 北京：北京理工大学出版社，2006.

[17] 韩实彬. 安装钳工工长 [M]. 北京：机械工业出版社，2008.

[18] 机械工业部统编. 零件与传动 [M]. 北京：机械工业出版社，2000.

[19] 张安全. 机电设备安装、维修与实训 [M]. 北京：中国轻工业出版社，2008.

[20] 鲍风雨. 机电技术应用专业实训 [M]. 北京：高等教育出版社，2002.

[21] 徐卫. 机电设备应用技术 [M]. 武汉：华中科技大学出版社，2008.

[22] 邵恩坡. 柴油车使用维护一书通 [M]. 广州：广东科技出版社，2004.

[23] 李问盈，籍国宝. 小型柴油机使用与维护 [M]. 北京：中国农业出版社，2006.

[24] 陈敢泽. 起重机安装与修理 [M]. 石家庄：河北科学技术出版社，1996.

[25] 乔瑞元，咸志才. 起重工 [M]. 北京：化学工业出版社，2007.

[26] 张应力. 起重工 [M]. 北京：化学工业出版社，2007.

[27] 罗振辉，何继兴，林耀荣，等. 起重机械与司索指挥 [M]. 哈尔滨：哈尔滨工程大学出版社，2006.

[28] 阎坤. 自动化设备及生产线调试与维护 [M]. 北京：高等教育出版社，2002.

[29] 朱仁盛. 机械基础 [M]. 北京：机械工业出版社，2008.